"中国好设计"丛书得到中国工程院重大咨询项目
"创新设计发展战略研究"支持

中国好设计 丛书

"中国好设计"丛书编委会 主编

绿色低碳创新设计案例研究

娄永琪　刘力丹　杨文庆　主编

U0189016

中国科学技术出版社
·北　京·

图书在版编目（CIP）数据

中国好设计：绿色低碳创新设计案例研究 / 娄永琪，
刘力丹，杨文庆主编 . — 北京：中国科学技术出版社，
2016.9

（中国好设计）

ISBN 978-7-5046-6862-2

Ⅰ. ①中… Ⅱ. ①娄… ②刘… ③杨… Ⅲ. ①工业产
品—产品设计—无污染技术 Ⅳ. ① TB472

中国版本图书馆 CIP 数据核字 (2015) 第 246394 号

策划编辑	吕建华　赵　晖　高立波
责任编辑	高立波　赵　佳
封面设计	天津大学工业设计创新中心
版式设计	中文天地
责任校对	凌红霞
责任印制	张建农

出　　版	中国科学技术出版社
发　　行	中国科学技术出版社发行部
地　　址	北京市海淀区中关村南大街16号
邮　　编	100081
发行电话	010-62103130
传　　真	010-62179148
网　　址	http://www.cspbooks.com.cn

开　　本	787mm×1092mm　1/16
字　　数	132千字
印　　张	7.5
版　　次	2016 年9月第1版
印　　次	2016 年9月第1次印刷
印　　刷	北京市凯鑫彩色印刷有限公司
书　　号	ISBN 978-7-5046-6862-2 / TB·93
定　　价	56.00元

"中国好设计"丛书编委会

主　　任　路甬祥

副 主 任　潘云鹤　张彦敏

委　　员（以姓氏笔画为序）

王　健　王　愉　叶圆怡　巩淼森　刘力丹

刘惠荣　刘曦卉　孙守迁　杨文庆　吴海燕

辛向阳　宋　武　张树有　娄永琪　贾建云

柴春雷　徐　江　徐志磊　徐敬华　梅　熠

曹建中　董占勋　韩　挺　惠清曦　程维勤

谭建荣　魏瑜萱

秘　　书　刘惠荣

本书编委会

主　　编　娄永琪　刘力丹　杨文庆

副 主 编　刘震元　龚淼森　曹建中　王　愉

编　　委（以姓氏笔画为序）

邓雪嫒　刘　伟　刘　胧　汪滋松　姚雪艳

莫　娇　程一恒

本书编辑　于宏丽

自 2013 年 8 月中国工程院重大咨询项目"创新设计发展战略研究"启动以来，项目组开展了广泛深入的调查研究。在近 20 位院士、100 多位专家共同努力下，咨询项目取得了积极进展，研究成果已引起政府的高度重视和企业与社会的广泛关注。"提高创新设计能力"已经被作为提高我国制造业创新能力的重要举措列入《中国制造 2025》。

当前，我国经济已经进入由要素驱动向创新驱动转变，由注重增长速度向注重发展质量和效益转变的新常态。"十三五"是我国实施创新驱动发展战略，推动产业转型升级，打造经济升版的关键时期。我国虽已成为全球第一制造大国，但企业设计创新能力依然薄弱，缺少自主创新的基础核心技术和重大系统集成创新，严重制约着我国制造业转型升级、由大变强。

项目组研究认为，大力发展以绿色低碳、网络智能、超常融合、共创分享为特征的创新设计，将全面提升中国制造和经济发展的国际竞争力和可持续发展能力，提升中国制造在全球价值链的分工地位，将有力推动中国制造向中国创造转变、中国速度向中国质量转变、中国产品向中国品牌转变。政产学研、媒用金等社会各个方面，都要充分认知、不断深化、高度重视创新设计的价值和时代特征，共同努力提升创新设计能力、培育创新设计文化、培养凝聚创新设计人才。

　　好的设计可以为企业赢得竞争优势，创造经济、社会、生态、文化和品牌价值，创造新的市场、新的业态，改变产业与市场格局。"中国好设计"丛书作为"创新设计发展战略研究"项目的成果之一，旨在通过选编具有"创新设计"趋势和特征的典型案例，展示创新设计在产品创意创造、工艺技术创新、管理服务创新以及经营业态创新等方面的价值实现，为政府、行业和企业提供启迪和示范，为促进政产学研、媒用金协力推动提升创新设计能力，促进创新驱动发展，实现产业转型升级，推进大众创业、万众创新发挥积极作用。希望越来越多的专家学者和业界人士致力于创新设计的研究探索，致力于在更广泛的领域中实践、支持和投身创新设计，共同谱写中国设计、中国创造的新篇章！是为序。

2015 年 7 月 28 日

目录
CONTENTS

CHAPTER ONE | 第一章
绿色设计概述

1.1 设计与可持续发展

自 18 世纪中叶以来，以机械化、电气化和信息化为特征的三次产业革命全方位地、深远地影响了人类的生产和生活方式，也加速了对资源、能源的消耗和环境的影响，给地球的环境容量和生态平衡带来了前所未有的挑战。

20 世纪 60 年代，蕾切尔·卡森（Rachel Carson）出版《寂静的春天》[1]，对人类活动给自然环境带来的负面影响进行深刻反思，人类发展和环境容量之间的关系，被不断提到议事日程上来。1972 年罗马俱乐部发布《增长的极限》，提出地球粮食、资源和环境的有限性决定了人口和经济增长的极限[2]。用全新方式管理地球的资源和发展被提到议事日程，最终促成了 1983 年联合国世界环境与发展委员会的成立。1987 年这个委员会在报告《我们共同的未来》（也称《布伦特兰报告》）中正式提出了"可持续发展"的概念，把环境保护和经济发展这两大各执一词的阵营拉到了共同协作的谈判桌上[3]。

之后，1992 年里约热内卢联合国环境与发展大会的《21世纪议程》和《气候变化框架公约》、1997 年日本京都联合国气候大会的《气候变化框架公约——京都议定书》、2000年联合国秘书长安南的《千年行动计划报告》、2002 年约翰内斯堡联合国可持续发展世界首脑会议的《约翰内斯堡可持续发展宣言》、2009 年哥本哈根世界气候大会的《哥本哈根协议》和 2015 年的巴黎气候变化大会的《联合国气候变化框架公约》等各个文件从政治上界定了可持续发展的全球责任。

在设计领域，富勒（Buckminster Fuller）用大系统的视角思考一些人类面临的大问题，他在 20 世纪 30 年代就开发了戴马克松（Dymaxion）节能工业化住房系统，启发了之后很多的生态建筑设计；60 年代发布"曼哈顿穹顶"，思考地球的资源枯竭后人类如何生存[4]。1970 年帕帕奈克（Vector Papanek）在瑞典出版了《为真实的世界设计》，他指出设计除了创造商业价值之外，更是一种推进社会变革的因素。他甚至夸张地指出因为设计客观上担当了消费主义帮凶的角色，因而成为"世界上危害最大的专业之一"[5]。抛开那些博人眼球的说法，他的本意是在地球资源有限的前提下，设计应该担负生态和社会责任，并为保护环境和创造更美好的世界服务。

富勒和帕帕奈克结合社会福祉和环境资源视角下的前瞻设计思考，被越来越多的人接受，并推动了设计界关于设计如何贡献可持续发展的思考和实践，可持续设计逐渐成为设计学科的一个重要发展方向。其中有代表性的著作包括帕帕奈克的《绿色紧迫：朝向真实世界的绿色设计》[6]，托尼·弗莱（Tony Fry）的《"去未来"——新的设计哲学》[7]，马丁·查特（Martin Charter）和乌苏拉·泰斯奈尔（Ursula Tischner）的《可持续解决策略》[8]，威廉·麦克唐纳（William McDonough）和迈克尔·布朗嘉特（Michael Braungart）的《从摇篮到摇篮》[9]，丹尼尔·瓦莱欧（Daniel Vallero）和克里斯·布莱泽（Chris Brasier）的《可持续设计——可持续和绿色工程的科学》[10]，卡罗·维佐里（Carlo Vezzoli）和伊季欧·曼齐尼（Ezio Manzini）的《环境可持续设计》[11]，司徒阿特·沃克尔（Stuart Walker）的《可持续设计手册》[12]，冈特·鲍利（Gunter Pauli）的《蓝色经济》[13]，保罗·霍肯（Paul Hawken）、阿莫瑞·路文斯（Amory B. Lovins）和亨特·路文斯（L. Hunter Lovins）的《自然资本主义，创造下一轮产业革命》[14]等不少著作，把设计对环境影响的关系拓展到经济、社会和文化可持续的层面加以讨论。

1.2 什么是绿色设计？

绿色设计 是可持续设计的基础和核心。它是指以环境可持续发展为目的或特征的设计。也就是通过设计，在产品和服务的整个生命周期，降低人类生产和生活对环境的负面影响，包括从材料选择、生产和制造过程、包装与运输、使用、回收再利用的整个过程[15]。绿色设计以其形象的说法，在社会上被广泛讨论和接受，对推广"担负环境责任"的设计起到了积极的作用。

"设计是人类有目的创新实践活动的设想、计划和策划，是将信息、知识、技术和创意转化为产品、工艺装备、经营服务的先导和准备，决定着制造和服务的品质和价值"[16]。作为一种战略性地解决问题的方法和流程，设计处在产业链、创新链的源头。一方面，一个系统的环境影响，在源头就已经由设计决定；另一方面，我们可以利用设计不断改善原有系统，以实现更少的资源消耗和更小的环境影响，进而对环境进行修复和改善。

绿色设计的核心是"4R1D"，就是减量（Reduce）、再利用（Reuse）、再循环（Recycle）、可恢复（Recover）、可降解（Degradable）。也就是说，不仅要减少物质和能源的消耗，减少有害物质的排放，而且要使产品及零部件能够被方便地分类回收、降解、再生循环、重新利用甚至实现生态恢复[17]。

1.3 绿色设计的发展趋势

1）从浅绿走向深绿

a. 由"点"到"链"

我们经常可以看到很多设计，往往是因为某些在环境友好方面的考量，而被称作"绿色设计"。**比较典型的有：**用环保纸设计的包装和家具、各种 LED 灯具、可降解塑料制成的日用品、各式各样的节能减耗的产品等。不少上述产品，尽管在某个环节通过减量、再利用或再循环，降低对环境的影响，但由于没有从产业链以及产品全生命周期进行整体和系统的考虑，因此很可能只是某个"点"上的绿色设计。

我们要承认这些设计比帕帕奈克批评的那些不负责任的设计在意识上有了不小的进步，但也要意识到"点"上的绿色对整个环境的贡献还是非常有限。举例来说，用再生纸做的一次性纸杯，可能比普通纸杯的绿色表现要强一些，但未必比一个玻璃杯更加绿色。因此，必须要从"点"上的绿，拓展到"链"上的绿，进行基于"生命周期"的评估或设计（Life Cycle Assessment/Design，LCA/LCD），也就是要考虑从材料选择，到生产工艺、到运输、到使用和废弃的全生命周期的绿色表现。全生命周期的设计，不仅关注静态的、实物的评价和设计，同时也关注过程、动态、系统，它对各个环节提出了要求，包括产品部件的可拆卸、可回收、可维护、可重复利用等。例如，通过易于拆卸的结构或者模块化设计，以便实现维修替换以及产品报废后的回收利用；以产业化方式对废旧产品进行修复和改造的再制造设计等[18]。

日本佳能（Canon）公司在产品设计之初就注重产品性能与节能环保的高度融合。除了严格限制产品中有毒物质的使用，还通过产品轻量化与小型化的设计、生物塑料等绿色原材料的使用以及生命周期评估（LCA）方法的确认等措施，严格把控每件产品在整个生命周期中的 CO_2 排放量，促进环境保护和人体健康。其绿色设计系统主要包括环境信息设计准则及产品评估准则两部分，环境信息系统则包括产品环境特性管理系统、绿色材质信息系统、绿色供应链管理、生产管理、环境信息系统（含法律法规、绿色标志、设计案例及材质特性等），可用来评估产品的绿色特性[19]。

从"点"拓展到"链"，不仅是评估的考察因素和范围产生了变化，更重要的是设计关注的对象也发生了变化。从之前对终端产品的关注，逐步拓展到了对流程、服务、商业、系统的设计。特别是产品服务体系设计（Product Service System Design），通过服务取代产品，减少的产品的生产数量，从而减少资源的使用和浪费，实现"消耗更少、生活更好"。这个拓展过程就是绿色设计"由浅入深"的发展过程。

Ⓑ 由"线性"到"循环"再到"系统"

以资源消耗链和产业链的产品生命周期视角审视绿色设计，延长产品的生命周期，是朝向"深绿"的一大步；但如果不能从根本上改变这种商品从原材料到被制造、销售、使用直至成为废弃物的资源消耗线性模式，仍然无法改变资源终究走向坟墓的结局。因此，要实现资源和能源利用的可持续，从"线性"到"循环"成为一种必然解决策略。循环可以使废弃物通过再利用重新成为资源。同时，如果把人类社会的多条资源和能源的消耗链当作一个复杂系统对待，某些子系统的废弃物，可能就成为另一子系统的资源。例如，工业生态学将废物视为输入闭环过程，从一开始就基于以降低对全球环境影响的角度来设计生产工艺，使得自然资源得以恢复，整个工业系统的表现接近自然系统[10]。

设计的任务就是从源头、从整个系统角度进行优化，以实现环境综合影响最小化，才是真正"深绿色"的设计。例如，通过产品服务体系设计从单独的生产循环转变到将生产循环和消费循环加以整合，作为一个系统来对待[20]。生产企业把制造出来的产品当作可以经营和管理的资产，从销售产品到提供服务。产品生产企业负责对产品全生命周期的服务后，可以有效地降低产品在全生命周期的资源消耗、使用和维护成本。

麦克唐纳等人提倡的"从摇篮到摇篮（Cradle to Cradle，简称 C2C）"理念，从"养分管理"出发，在产品设计之初就考虑了两种循环系统：生态循环及工业循环，两种循环的材料和产品，各自回到各自的循环，将可再利用的材料同级或升级回收，再制成新的产品，实现产品供应链、产品本身及回收再利用全过程对环境的友好[9]。"从摇篮到摇篮"的理念可以应用在不同尺度的设计中，从产品到建筑到城市再到整个产业。艾伦·麦克阿瑟基金会（Ellen MacArthur Foundation）提出要优化设计系统而不是组件，使得所有的原料和能源在不断进行的经济循环中得到合理利用，从而把经济活动对自然环境的影响控制在最小的程度[21]（图 1-1）。

c. 由"技术"到"经济"再到"社会"

绿色设计离不开技术。新材料、新能源、新工艺、新流程、新系统，都

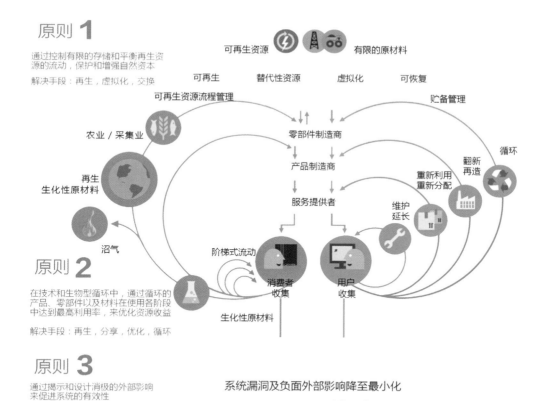

图 1-1　循环经济概念图

（图片来源：Ellen MacArthur Foundation. Towards the circular economy: economic and business rationale for an accelerated transition）

是绿色设计新技术发明、应用的重要领域。通过设计，创新发明、技术能得以扩散，对人类的生产和生活产生影响。2009年，罗马俱乐部的魏伯乐（Ernst Ulrich Von Weizsacker）推出了他的新书《五倍级》。指出通过技术革新，可以在交通、建筑、农业、钢铁与水泥等传统高消耗产业的资源生产率提高5倍（资源消耗强度减少80%），从而实现全球经济的转型[22]。

但绿色设计远不仅仅是一个技术问题。《五倍级》一书中，也重点指出了政策法规（税收）、市场规律、政治体制的影响。在现代社会，经济扮演了关键角色，事实上环境问题正是通过向"经济问题"的转化，才得到了越来越多人的重视和支持。例如，冈特·鲍利的"蓝色经济"，正是从经济角度关注循环。他提出应该充分利用本地资源，串联能量、养分链，生产无污染、无排放的产品和服务，使废弃物成为资源输入，产生多股现金流和利润流，以创造更多创业和就业机会[23]。2012年，艾伦·麦克阿瑟基金会发布题为《建立循环经济：经济和商业理由加速转型》的报告，提出把经济活动组织成"自然资源—产品和用品—再生资源"的闭环式流程。

技术必须通过创意，运用于生产或者生活，借助有效的商业模式，才能更好地实现扩散，成为生产力，推动经济发展，产生社会影响，而这一过程，就是设计的过程。同时，一个强有力的经济模式又离不开社会和大众的支持。"深绿色"的新经济模式是和全新的生活和生产方式紧密相连的。就拿产品服务体系而言，它具有"在世界范围内提高生活质量的潜力；但是，这种改变会要求一种文化转变，形成关注于质量和结果的新的价值……对于发展中国家来说……它能使他们超越以个人拥有物品为特征的发展阶段"[20]。但问题的关键，某些发展进程的"跨越"，又会牵涉到公平问题和复杂的国家感情："为什么发达国家享受过了，就不让发展中国家尝试？"在这层意义上而言，技术问题和经济问题又转化为社会问题和政治问题。

2）从设计2.0走向设计3.0（创新设计）

ⓐ 设计3.0和深绿色设计

设计先后经历了农耕时代的传统设计、工业化时代的现代设计和知识网络时代的创新设计，可以分别用设计1.0、设计2.0、设计3.0来表征

（图 1-2）。各个时代设计的本质内涵、设计与制造的关系、设计的资源要素、设计的价值拓展都呈现不同的特征。进入全球知识网络时代，科学技术、经济社会、文化艺术、生态环境等信息知识大数据创新发展，设计价值理念、方法技术、创新设计人才团队和合作方式也将持续进化发展[24]。

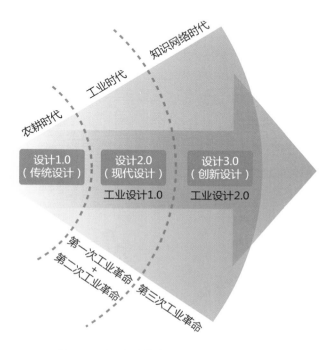

图 1-2　设计的进化——创新设计

相对应，设计在由"浅绿"到"深绿"的过程中，也一样有设计 1.0 至设计 3.0 的不同应用。设计的对象既包括产品，也拓展到了流程、服务、体验、商业模式、系统，设计的目标也从一些"看得见"的绿色因素，到环境影响、实现创新、商业成功和生活品质提升的综合。可以说，越是"深绿"的设计，牵涉的设计对象就越广泛，也越需要战略和系统的思维、方法和工具。3.0 时代的绿色设计涉及复杂的社会技术系统，特别是人员和技术的非线性组合。智能、超常、全球、网络协同、个性化、定制式创造、新经营服务方式、信息网络／物理系统融合等将成为全球知识网络经济时代绿色设计的新问题和新特征。

　　ⓑ 从改进表现到范式创新

　　绿色设计一般有两大思路，一是在现有系统的基础上改进，也就是在现有产业结构不变的前提下，提高资源和能源的使用效率，比如：使用更加环保的材料，模块化设计以使易损部件容易更换，更长的使用寿命，使用更加清洁的能源，更加节能的产品等。另一种思路，是在系统层面重新设计整个系统，例如：利用产品服务系统模式的汽车分时租赁系统，实现生产和消费零距离的都市农业系统，采用光导纤维的自然光照明系统等。前者使用的往往是渐进式创新（incremental innovation），而后者往往需要用到突破式创新（radical innovation）。

唐·诺曼（Don Norman）和罗伯托·维甘提（Roberto Verganti）用"登山"来作比喻，指出渐进式创新可以帮助进行"爬山运动"，但无法实现从一座山跨越到另一座山。也就是说从一种发展范式到另一种发展范式，仅仅通过渐进式创新是无法完成的，只有通过突破式创新才能实现。而一旦跨越完成，渐进式创新又可以起到改善作用，帮助提升在新范式下的整体发展质量[25, 26]（图1-3）。

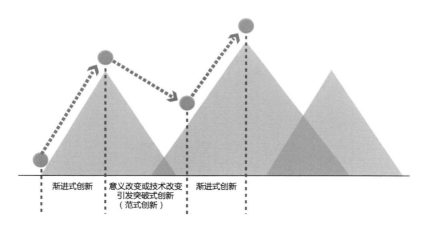

图1-3　渐进式创新与突破式创新的关系

在绿色设计由浅入深的过程中，系统层面的突破式创新对于破解现在发展模式和环境紧张关系具有特别重要的意义，特别是那些能够通过循环设计理念实现突破性改变的新系统，包括零消耗、零排放、正生态的住房、交通、制造、流通、销售、能源系统等。

c. 用户体验和行为改变

在绿色发展中，技术驱动的思维往往会导致重供给端、轻需求端的情况。例如各种绿色解决策略总是习惯性地关注生产性的技术改进措施，而忽视人，也就是消费端的社会需求管理。一个技术上先进的系统，比如LED照明技术，尽管使得照明的能耗大幅度降低，但可能无法从根本上降低整个城市的能耗。因为人们可能因为能耗的降低而带来经济上的减负，从而选择点亮更多的灯。这种节能技术最终不能真正节能的案例几乎存在于所有的节能产品应用当中，从汽车到住房。用魏伯乐的说法就是"反弹效应"[22]。因此，对消费端那一侧的"人"的理解，是一个绿色设计是否奏效和实现"深绿色"转型的根本。

事实上，正是大众的需求，才使得小到一个绿色产品，大到一个绿色的经济模式得以成立和维系。深绿色产业和经济背后是全新的生产和生活方式，对社会成员而言，是生活观念和行为的改变，这种改变只有达到一定程度，才能实现从量变到质变，带来社会变革。此时，一个在理论上是绿色的新系统与万亿计的使用者的界面和接触点是否足够友好，是否能够创造足够好的用户体验，直接决定了用户是否愿意放弃旧的不可持续的系统，而参与到新系统中来。例如，一个城市公共汽车租赁系统，如果没有足够友好的用户体验，尽管可能减少了一些费用，但还是无法把用户从他们已经习以为常、舒适的私家车中吸引过来的。

只有无数人的集合式的行为改变，才能形成生活方式的改变，进而推动供给端的变革，对产业产生根本的影响。除此之外，"认知"革命以来，人是以一种共同的意念维系集体行动的种群[27]。人之为人，不仅仅是因为其有需求需要满足，更是因为人改变社会的主观能动性。如果基于一个共同的愿景，把所有个人的力量连接起来，就会成为一股巨大的"自下而上"的力量，而这就是一个"深绿色"的社会创新的过程。

d. 从产品到企业战略

企业作为现代经济活动的主体，也是实施绿色设计的主体。"设计阶梯"理论指出了设计能力在企业中的应用有四个由低到高的不同层级：I. 缺乏系统的应用；II. 企业的产品设计（造型、装饰、体验和服务）；III. 企业创新流程的一部分（但不是决定因素）；IV. 被视为企业的核心和引导性因素[28]。

绿色设计在一个企业的影响力从台阶I到台阶IV，也是一个由浅绿到深绿的过程。在越高的阶梯（III或者IV）应用绿色设计，往往其影响就会越系统，取得的成效也就越大。提升企业绿色设计能力，不仅要利用绿色设计来提高其产品和服务的竞争力，呼应消费端的绿色需求；更需要成为企业的创新战略和管理的一部分，包括在企业文化、设计作用领域、用户角色、创新动力来源、设计能力的来源等各方面的表现。

例如，赫曼·米勒（Herman Miller）公司，是一个以生产高品质办公家具闻名世界的美国企业。绿色设计在赫曼·米勒是企业战略和企业文化的重要组成部分之一，这不仅仅体现在产品和服务的绿色（包括环保的材料、模块化设计的组件、经久耐用的整体质量、超长的保用计划），也体现在制造过程的零排放和零能耗目标，连其生产车间都是获得美国LEED认证的绿色建筑。设计、科技和绿色的杰出表现和完美平衡，既铸就了赫曼·米勒的全球声誉，成为其品牌战略的核心；同时也获得了巨大的市场成功，成为业界的领导品牌。

1.4 本书的绿色设计案例

1）案例的来源和分类

a. 案例的来源和入选标准

本书在选择案例时，是本着"问题导向（problem-based）"的思维，也就是所选案例针对了一个在中国较为普遍的绿色问题。同时，希望能尽可能避免选择那些经不起深入推敲的"浅绿"案例，而是尽可能接近"中绿"和"深绿"，也就是"链"上和"系统"的绿。另外，设计在其中扮演的角色，亦希望能够尽可能多地选择创新设计（设计 3.0）的案例，设计在此过程中需要整合创意、商业和工程技术，以应对一些相对复杂的系统问题。

b. 案例的分类

不少绿色设计案例集的分类是按照功能来区分的。典型的如托尼·弗莱在《绿色愿望：生态·设计·产品》（*Green Desires: Ecology，Design，Products*）一书中是如下分类的：家居系列、花园系列、办公室系列、城市与交通系列、地球系列（能源与气候）[29]。多利安·卢卡斯（Dorian Lucas）在《绿色设计》（*Green Design*）中将案例分为：能源、时尚、家居、照明、公共、工作[30]。这些按照具体生活情境的分类可能存在的问题是尽管所选案例在同一个类型下，但各个案例绿色的表现和深度各有不同，读者很难抓住所选案例绿色设计的主要特征。

因此，本书决定采用一种新的分类方式，按照绿色设计在资源链、产业链和创新链的位置和影响进行分类。具体而言，分为：材料、产品、服务和系统四大类型，每类选择 2 ～ 4 个案例进行分析和介绍。需要指出的是，事实上材料、产品、服务、系统等各个类型是同时交汇融合地出现在每一个案例中的，案例之所以被归于某个类别，主要是因为其在某个类别中的表现较为突出而已。同时，本书案例的选择同时兼顾了生产和生活的各个方面，包括衣、食、住、行、用的各个领域，同时特别关注来自新能源、智慧生活、绿色建筑、新农业、移动互联等新兴战略产业的案例（表 1-1）。

	材料	产品	服务	系统
1	石头纸	导光管	爱回收网	上汽集团
2	竹复合材料	太阳能热水器	永久公共自行车租赁系统	海尔
3		绿色建筑外墙		华为
4		好孩子婴儿推车		银香伟业

表 1-1　入选案例及分类

2）案例的分析和评估

ⓐ 评价因子

本书入选的绿色设计案例，都要对其各方面的表现进行分析和评估，这样才能深入了解其绿色特性，包括背景、主要优点、局限性和发展的方向。为了能够全面地对入选案例进行分析和评估，正如前文所述，本书希望能够探索每一个案例在材料、产品、服务、系统等各个层次的表现。

本书的绿色设计评价系统主要考虑二大因素："绿色特性"和"创新特性"。其中，绿色特性评价基于全生命周期理论，选择了由摇篮到摇篮的 5 个因子加以考察，分别是：材料、生产、流通、使用、回收。而创新特性是本次绿色设计评价的特色之一，反映了绿色设计中创新设计的表现和贡献，包括创新性、影响力和系统性 3 个因子。创新性主要考察绿色设计的技术和观念，例如产品生命周期评估和设计、模块化设计、计算机辅助设计的应用情况，智能化和网络化程度、是否实现了产品与服务的整合以及技术 - 商业 - 创意的整合等；影响力主要考察绿色设计的产出，包括绿色

I. 绿色特性因子

材料

无毒无害、低污染（自然降解）、低资源消耗（可回收、可再生）、低能量消耗（材料、产品使用、回收、再循环所需的能量）、材料新使用方式。

生产

简化生产步骤、清洁生产技术、减少污染技术、产品易于维护和维修（产品结构模块化、可更换、可拆卸）、智能化制造、个性化制造。

流通

更少－更清洁－可重复使用的包装、高效节能的物流、优化流通流程、减少运输体积、减少运输程序和距离。

使用

提高可靠性和耐用性（延长使用寿命）、使用过程中降低能源消耗、美学、品牌或功能上的设计质量、产品维护与回收服务、服务替代产品。

回收

部件拆解利用、材料回收循环、产品再生产和整修、进入其他产品生命周期、安全焚毁。

II. 创新特性因子

创新性

技术含量（产品生命周期评估和设计、模块化设计、计算机辅助设计）、智能化和网络化、产品与服务的整合、技术－商业－创意的整合。

影响力

用户体验、品牌战略、商业成功、社会和文化价值。

系统性

产品创新、服务创新、系统创新、战略创新、社会创新。

设计是否提升了用户体验、达成品牌战略、获得商业成功、具有社会文化意义等；系统性则是指绿色设计的应用在产品、服务、系统、战略和社会创新的几个层面工作。

b. 评价过程

I. 矩阵评价

将绿色特性和创新特性分别作为"列"和"行"，形成一个二维矩阵。每

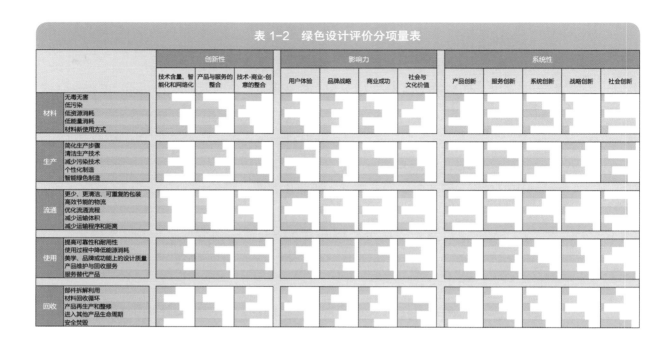

表 1-2　绿色设计评价分项量表

相交的网格，可以分别对绿色特性和创新特性的综合表现进行测评。其中，由于"列"和"行"的每个要素都有若干因子，因此会形成一个更加细分的矩阵（表1–2）。课题组对每个矩阵的表现给出 0 ~ 10 分的评分，如果绿色特性的某一个因子在案例中未涉及，则不进行评分。打分后，对"列"和"行"的每个要素给一个平均分，再对平均分做插值处理（最低分为 2，最高分为 10）。插值分数作为绿色评价的定量参考。

II. 雷达图评价

将绿色特性和创新特性的 8 个因子，材料、生产、流通、使用、回收、创新性、影响力和系统性作为 8 个坐标轴，绘制成雷达图。其中，材料、生产、流通、使用、回收 5 个因子分别位于雷达图的下端，创新性、影响力和系统性 3 个因子位于雷达图的上端。各个因子评估的平均分相对表现在雷达图的相应坐标轴上得到体现[1]（图 1–4）。

雷达图的面积，呈现了每个案例总体的绿色表现，而雷达图的形状则表现了案例在绿色设计侧重点的不同。一个优秀的绿色创新设计案例，应该在

---

[1]　以每个因子的最高总得分为10分，最低得分为2分进行插值处理。

"绿色特性"和"创新特性"两方面都有突出表现，也就是应该具有"创新（Innovative）""有效（Effective）"和"高效（Efficiency）"的特性。由于绿色设计评价是对于设计活动的评价，因此评价也是一种设计方法，可以通过评价对设计进行不断迭代优化。

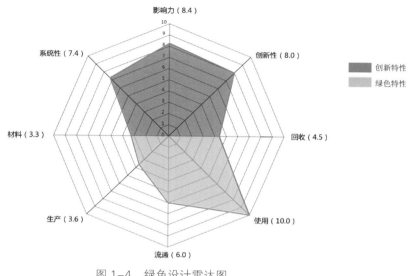

图 1-4　绿色设计雷达图

关于评价，需要特别指出的有 4 个问题，其一：从评估的结果来看，在复杂系统层面工作的，在产业链多个环节作用的，关注系统集成综合的，以及科技、商业、创意结合的案例，其绿色设计表现的得分往往都比较高，这在某种程度上给绿色设计从浅绿到深绿做了注脚；其二：由于入选案例在行业、属性和发展成熟度上有较大的差异，同时存在案例的可比性、数据来源及其完整性和准确度、评估过程中的主观性等问题，目前的评价结果只能代表本书的视角和一家之言，并不能作为权威结论看待；其三：一些案例在绿色特性或创新特性的某些方面得分会相对较低，这并不说明这些案例不"绿色"（它们已经是行业内绿色设计的优秀案例），而是反映了其在本案例集中的相对表现，同时也说明它们有往更"深绿"、更系统的绿色方向发展的可能；其四：出于篇幅以及直观性的考虑，本书在详细介绍案例时，仅附上了各个案例的雷达图评价结果。

1.5 结语

面对可持续发展的挑战，我们需要跳出以资源环境换经济发展的传统模式，塑造资源和环境友好型发展方式。而在此进程中，一方面，需要通过创新设计，帮助各种绿色技术实现"扩散"，以推动经济和社会的可持续转型。在此过程中，绿色设计要进一步加强应对复杂性、系统性问题的能力，特别是要进一步发展绿色设计的方法、工具、软件、集成和评估等共性技术。另一方面，由于受发展阶段和水平、资源和资本储备、挑战和机遇、社会和文化状况的限制，我国更需要在借鉴国际经验的同时，通过创新设计，开辟全新的"深绿色"设计道路，实现"范式"转型。

企业是绿色设计的核心推动力，同时，绿色设计将成为企业的新增长点。在全球知识网络时代，绿色、智能、个性化、可分享、可持续发展的技术、产业、经济发展模式，特别是具有生态修复型功能的"深绿色"的"修复性经济"[31]，必将成为引领人类文明新一轮发展的重要支撑。

由于我国的绿色设计方兴未艾，本书所选案例的设计质量和表现还有不少提升空间，我们对案例的评估和分析研究的客观性和准确性也可进一步商榷，但仍然希望可以从一个侧面反映我国当下绿色设计的发展状况。我们希望本书的编辑出版，能够对在全社会普及绿色设计理念和方法，提升绿色设计文化自觉，在全社会创造重视、支持、鼓励绿色设计的良好文化氛围有所裨益[24]。未来，我们还希望能出版《中国好设计：绿色创新设计案例研究2.0版》，以及时呈现我国在绿色设计领域的最新发展。

（娄永琪）

CHAPTER TWO | 第二章
材料创新案例

2.1 石头纸：以无代有的产品创新

传统造纸的困境

传统木浆造纸的原材料主要是树木和回收纸。目前，我国森林覆盖率为20.36%[32]，略低于世界的平均值22%，其中1/3是人工林。人工种植根据密度来分，有高密度的300～666株/亩（1亩≈667平方米，下同）和低密度的100～150株/亩。为了应对纸耗量的增长，每亩生产的造纸木材量在不断提高。例如最近广东雷州半岛桉树产量，已从每亩0.3立方米提高到了每亩1.5立方米。与此同时，我国每年仍需进口至少3000万吨的废纸和纸制品，相当于670万平方米的森林面积。虽然中国人工林的面积居世界首位，树木也属可再生资源，但是大量栽种单一品种引发的生态不平衡终将带来新一轮的环境危机。毫无疑问，中国传统造纸业所面对的压力，已从过去直接的技术标准方面，转变为来自环保标准与技术标准两方面的双重压力。

此外，中国还同时面临着水资源短缺的严酷现实，人均水占有量仅为世界平均标准的1/4。无节制地获取水资源，过量施放化肥和农药所造成的土壤硬结及水土流失，无不加剧着这一危机。而传统木浆造纸过程恰恰需要消耗大量的水，尤其是在中国，每产1吨纸耗水100立方米，同样情况下国外纸厂吨水耗仅为10～20立方米。中国制浆加回收型的造纸企业，吨水耗更是高达300立方米，同比国外仅为35～50立方米。所以，如何节省水耗是造纸行业的另一个焦点。

以无代有的创新

石头纸（Rich Mineral Paper，RMP）又名环保纸，是以地壳内最为丰富的矿产资源碳酸钙为主要原料，以高分子材料及多种无机物为辅助原料，利用高分子界面化学原理和填充改性技术，经特殊工艺加工而成的一种可循环利用、具有现代技术特点的新型纸张。2010 年全国"两会"上，与会代表委员使用的会议通知、日程表、便签纸等材料都是用石头纸制成的。尽管当时石头纸已经不是完全新鲜的技术，但在全球号召节能减排的大背景下，这一环保概念再次备受关注。

优越的材料性能

石头纸的主要原料为碳酸钙等无机物，树脂和各种助剂均无毒性。它的抗张力、撕裂度、耐破度和耐折度等物理特性都比植物纤维纸大，表面不容易起毛，经久耐用。此外，其抗菌性、防虫性好，耐水、耐油和耐化学品性能都很突出，并且不易变色。这些优于木浆纸的特点，呈现出石头纸完全不同的产品生命周期，同时为纸制品的应用创造了更多独特设计的可能（见图2-1）。从最普遍的文化用纸和一次性生活消耗用品，到包装装饰用纸以及一些特殊用纸，都可以发挥其绿色且优异的性能。

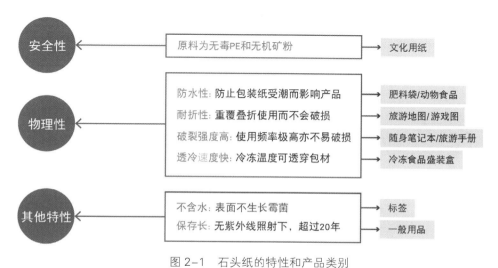

图 2-1　石头纸的特性和产品类别

石头纸的制造过程同样较木浆造纸有所突破，整个生产过程无需用水，不添加强酸、强碱、漂白粉等有机氯化物，比传统造纸工艺省去了蒸煮、洗涤、漂白、干燥等几个重要的污染环节，从根本上解决了传统造纸工业产生"三废"造成的环境污染问题（图 2-2）。

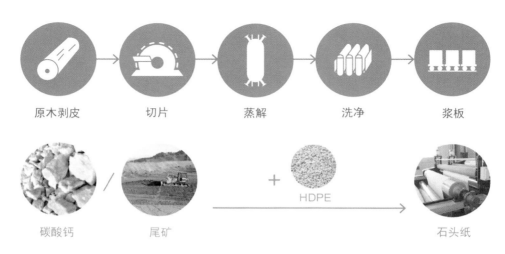

图 2-2　木浆造纸与石头造纸工艺比较

同时，因为减少了添加剂和化学物质，也同步简化了脱除化学物质的步骤以及处理废水、废料的工序，这就是石头纸生产中"以无代有"[1]的创新。根据台湾龙盟科技公司[2]提供的资料显示，以年产 36 万吨纸为基准，石头造纸的能耗仅占木浆造纸的 70%，回收纸的 40%。

安全清洁的回收方式

在使用过后，成为废弃物的石头纸作为 HDPE（高密度聚乙烯，热塑型

①　http://en.wikipedia.org/wiki/The_Blue_Economy:_Design_Theory所陈述的第二项原则。

②　龙盟准备在中国设立的石头造纸工厂，第一期的产能均为12万吨/年，第二期以后逐步扩大至36万吨/年。目前已经投产的有位于辽宁省本溪市恒仁县南江工业园的龙盟新型环保材料有限公司。http://www.taiwanlm.com.tw.

碳氢化合物高分子）和碳酸钙的组合物可直接回收，并重新熔融造粒成新一轮的石头纸原料；弃置在自然界中，12 个月后便会自行脆化恢复成碳酸钙，避免造成土壤污染；如果置入焚烧炉，实际燃烧的则是碳氢化合物、碳酸钙和一些表面处理剂，过程中除了二氧化碳和水，不会产生黑烟或毒气，最终残余的只有氧化钙粉。因为拥有以上这些特质，石头纸被摇篮到摇篮产品创新研究院核准了银质认证[1]。

开创全新产业链

石头纸技术不仅为造纸业带来了绿色的曙光，同时也为阅读方式创造新的可能。上海世纪出版集团的学林出版社，最近尝试采用石头纸印刷《冈特生态童书》[33]（图 2-3），并且通过回收顾客不再需要的书籍，形成回收再利用的阅读循环新模式。用石头纸印刷出品的书籍，其优越的耐用和耐久性，不仅适用于储藏在如图书馆、学校以及其他一些教育类

图 2-3 《冈特生态童书》

或社会福利机构及场所供众人翻阅，同时可以更好地支持旧书折价换新书等资源共享的理念和方式，减轻学校、学童、家长购置新书，尤其是具有时效性的工具类书籍的经济压力。

经济前景及社会效益

石头纸不仅为造纸业带来了绿色的解决方案，同时也解决了原料端的污染问题。各地石灰石矿山多数企业长期以来的无序开采和超重运输，造成周边地区加工粉体粉尘飞扬，对山体和环境都带来了不同程度的破坏和污染。

在几乎所有这些矿区中，在实际采集到需要的矿源前都会产生大量的尾矿。这些对于矿业公司来说毫无经济价值的粉末态尾矿，被成山成丘的堆放

---

① 麦克唐纳–布朗嘉特有限公司根据材料健康、材料再利用、可再生能源和碳的管理、水监管以及社会公平性五个方面，创建了产品符合摇篮到摇篮原则的认证方法。

在矿区的四周，既是环境的污染源，又是操作成本、债务，大部分公司甚至需要每年为此列出储备金，以备关闭矿区时的整治用途[34]。

如果将这些售价为 300 ～ 500 元 / 吨的石粉加工成环保石头纸，则可将价格提高至6000 ～ 10000 元 / 吨。在当今国际原油及木浆成本持续走高的趋势下，石头纸产品的成本优势也将日益凸显，较之传统纸业的生产企业，石头纸企业能够实现更好的成本控制。

湖州市长兴县李家港镇原有的数百家石灰石矿山企业中，部分已经通过石头纸生产带来的经济效益完成了企业转型升级，并解决了原来面临的员工失业问题。除此之外，

图 2-4 石头纸应用产品

石头纸技术的出现也鼓励了不少返乡者，当地政府为此筹建了"南太湖新型环保材料产业园区"推动返乡创业，进行新形状、新式样、新产品的石头纸产品开发[35]（图 2-4）。

评估与小结

以石头造纸，可以说是颠覆了长久以来造纸传统的一项创新概念。而且这项技术不仅实现了产品的创新，也相应地简化了纸张生产过程及工序，较木浆造纸的生产过程更环保节能。其较长的使用寿命以及易于回收、可再利用的特性，为实际应用创造了更大的设计空间，系统性地降低了产品生命周期对环境所造成的负面影响。

然而作为一种新事物，石头纸难免存在缺陷和改进的空间（图 2-5），同其他工业的生产工艺一样，其制造运行过程中的研磨、破碎设备会产生较严重的粉尘和噪声污染；而在物流方面，由于石头纸的密度较高，重量较大，运输和回收过程中能耗较高，有待进一步的创新和改革。

可以说，石头纸在目前仍然是一种发展中的材料，并不可能完全替代

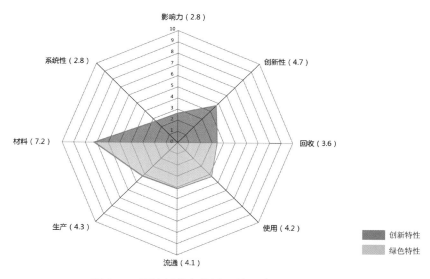

图 2-5　石头纸绿色设计评价雷达图

现有的传统植物纤维纸和环保纸，三者应共同发展、优势互补，在各自优势领域发挥应有的作用。同时，作为新兴的绿色环保解决方案，相关行业和政府部门的合理规划和引导也是必不可少的推动力，只有避免盲目炒作和恶性竞争，才能不断实现石头纸的产品升级、技术提升及其应用领域的扩大和拓展。

（程一恒　陆　洲）

中国是世界上产竹最多也是最早使用竹子的国家之一。在 900 多年前张择端的《清明上河图》中我们就可以看到，竹类产品已经频繁地出现在当时的生活中了。"宁可食无肉，不可居无竹。"中国的传统文人甚至把竹子作为精神生活的一种象征。不同于古人对于竹子原始的物理利用，现代技术实现了对竹材的产业化、规模化和工业化加工处理，对复合竹材的应用研发，更使竹子这一天然材料的绿色力量在越来越多的应用领域中得以呈现。

复合竹材：环保的智慧

复合竹材的原理同复合木板，是将处理过的竹材和树脂通过热压的方式复合在一起。近年来，竹纤维凭借其优越的比强度和比模量，被作为生物质 – 聚合物复合材料的增强体，有效提高了复合材料的力学性能，使得天然竹材的优势越来越引起人们的关注。

与此同时，在全球森林面积以每年近 1000 万公顷（1 公顷 =10000 平方米）的速度迅速消失的今天，林木资源越来越显珍贵，但竹子则有所不同，仅需两个月便能够完成高生长、粗生长，3 ～ 5 年就能利用，只要合理采伐，即能永续利用。因此，将竹纤维或竹粉与树脂复合来生产用于替代不同尺寸的硬木木方型材，既可以解决木材需求，又能够有效降低对硬木林乃至全球森林的消耗。

天然属性及优化处理

竹材作为高性能结构材料，其防水性能强、弹性好、生长速度快、价格便宜等优点一直以来都受到诸多行业的关注和重视。竹子笔直的形态和中空横隔膜的结构，赋予了其质量轻却强度高的先天优势，长期以来都被作为一种低能耗、可反复使用的绿色建材大量使用。

作为天然可再生资源，竹子本身的绿色属性毋庸置疑，但真正意义上的可持续设计必须同时经受住工业生产过程中的考验。竹材尽管力学性能优越，但由于原竹含糖和其他养分较多，纤维中的细胞容易受环境影响，出现发霉、变形或开裂等现象[36]。现代处理方式是将竹材浸在双氧水里蒸煮或放在炭化炉里炭化的方法，进行脱糖脱氧脱水等处理。两种处理方式都属于低耗能、无污染生产，经过处理的竹材较原竹而言稳定性大幅度提高。

有机的运作系统

竹类资源生长速度快，成熟周期短，丛生竹三年就可以开发。在适合竹类资源生长的竹乡，绝对不采伐对竹类资源的生长并没有好处。通常新竹长出，就要把三年前的成竹砍掉。从这个意义上说，竹类资源可实现源源不断的供应，只要适时采伐，既可充分利用，又有利于竹子的可持续生长。

尽管竹林产业的形成在中国历史悠远，传统农民并不把竹林当作田地对待，除冬春两季进竹林挖笋，或按需要砍伐一些竹竿供自用或少量销售，补贴农耕之外的需要，仅有少量手工匠人采伐竹子，数量对于广袤的竹林而言显得微乎其微。随着对竹材，尤其是复合集成竹材的开发使用，需求量迅猛增长，农民也逐渐意识到老宅边竹林的经济效益。

与普通木材林不同，做同样一张工程板材，竹材的采集量基数很大，再加上竹林分布又广，专靠大型竹材加工厂建立的采伐队伍无法形成合理的效益。于是工厂和农民互相配合建立了一种分户采集、统一加工的合作方式。首先由每家农户标记自家的竹子并记录年龄，到了成才的年份，鉴定质量达标后即可砍伐采集。采集来的竹材先送到附近小工厂进行初步开片脱氧等处理，再由大型竹材生产厂采购用于生产标准化竹材制品。数量庞大而且复杂的检验采集工作被分摊到各家各户，成为农户在农闲时的额外工作，小型加工厂初步加工后的竹材在保存和运输上更加便利，而大型竹制品加工厂主要负责标准化产品的生产和物流[36, 37]。这种分户采集、统一加工方式与竹乡的生产生活相融合，形成了一个有机的运作系统，更向整个社会系统传递了节约资源、能源和可持续发展的绿色环保概念。

多元的加工及应用

竹纤维:工程竹板　　在对竹子的不断探索方面，大庄竹业（简称大庄）作为中国最早从事毛竹资源研究、开发和利用的高新技术企业之一，可以说算是目前竹应用创新方面的杰出代表，其主要产品为竹集成材、重组竹材和竹展开板。

1　　竹集成材是竹片经定宽、定厚加工后，按照同一方向组合胶压而成（见图2-6）。选用中国特有的 4 ~ 6 年生毛竹材料，经严格选材、制材、蒸煮或炭化、干燥、分选、成型加工、UV 硬化涂装等 20 余道工序加工而成[38]。不同产品所用的胶水尽管不同，但都遵循健康、安全、环保的理念。竹集成材还广泛地运用于大型风力发电机叶面，取代传统的玻璃钢树脂复合材料，大大提高了材料的环保指标，为清洁能源提供绿色的建材选择。

图 2-6　竹集成材细部

2

　　重组竹材是将竹片或竹条碾压疏松后经施胶、顺纹组坯、加压胶合而成的高密度新型竹材。目前市场上用各种工艺方法压制的同类产品大多在耐候性方面表现得很差。大庄通过专有科技对竹纤维细胞运行物理处理后解决了竹材生虫和霉变的问题，延长了竹材的使用寿命。同时，处理后的竹材不含化学物质，不会对人、畜和环境造成污染。其中的一款"户外重组型竹材"经过创新技术生产进一步提高了产品的生物耐久性、耐候性、尺寸稳定性及安全、环保性，同步改善了竹材的利用率并拓宽了竹材的使用领域，将竹材的使用从室内扩展到了室外。

3

　　竹展开技术是大庄历时多年，投资数千万元人民币研发成功的一种原竹展开工艺，也是我国竹子现代开发利用的里程碑。竹展开技术是将原竹从一口切开，将圆形竹展开成平面竹且不开裂的工艺。展开竹即保留了原竹的完整画面和从砍伐到加工过程中的全部痕迹，同时减少胶黏剂使用。竹展开工艺通过竹条拼合使板表面无任何胶水，"0"胶接触和"0"甲醛释放的产品对使用者而言更加环保健康。

竹粉：塑料添加剂　　竹粉是另一个新兴的现代化工业应用。随着塑料工业的发展，竹粉作为塑料添加剂，正在逐渐取代原有的以亚硫酸纸浆纤维素和回收不可降解塑料为添加剂的部分。竹粉材料本身无毒无害，同时大幅度提高了塑料制品中可再生材料的比例。

　　密胺树脂餐具又称仿瓷餐具，以其轻巧、美观、耐低温、不易碎等特性，被广泛用于快餐业及儿童餐具等。但石油化工的污染和不可再生性，特别是热固性塑料不可回炉再加工的问题，造成密胺环保性能低，再加上材料价格较高，目前常见的密胺餐具中至少有30%的添加剂成分[39]。一些不正规企业甚至用回收来的杂乱塑料作为添加剂，导致密胺餐具不仅经常出现老化开裂等问题，甚至可能带有毒性。在这种情况下，使用竹粉作为密胺中的添加剂可以同时避免以上两个问题（图2-7）。

图 2-7　竹粉环保密胺餐具

材料创新产生综合效益

通过不断地管理创新、技术创新和产品创新，大庄的各类复合竹板产品在国内外不同领域的重大项目中崭露头角。其自主研发的防火竹制天花板被应用于西班牙马德里国际机场；每年给宝马汽车提供超过 7 万辆车的竹子内饰；大幅面毛竹刨切薄板成为市场认可的取代塑料的优质装饰材料；深圳万科、上海世博会、瑞士驻中国大使馆等诸多工程项目使用大庄的户外高耐重组竹材。其高强度竹集成材则以其环保性、耐久性和可降解性开创了风电桨叶的新领域。而由大庄完成的无锡大剧院竹子声学材料应用作为中国最大的竹子应用项目，更是得到了设计师、专家和学者的一致好评。

而在台州，面对化学添加剂超标带来的产业瓶颈，密胺企业则尝试了将原来用作填充料的竹粉与耐热性能更高的树脂共混，利用调整过的原有模具加工。企业通过材料工艺的创新，不仅实现了竹粉餐、厨具的顺利投产，申请了国家发明专利，实现了产品出口的跨越，通过降低对不可再生资源的需求又对环保做出贡献，形成多赢局面。

不同企业对于竹材的材料创新与应用，在为自身拓宽市场和产生直接经济利益的同时，也推进了我国竹材高效利用技术的发展，同时对节约森林资源、农民增收、保护生态环境产生积极影响。

评估与小结

竹材由于其快速成才的特点和特殊的内部结构方式，已然成为当下自然纤维乃至所有通用材料中重要的绿色材料。在对竹材进行不同类型的加工过程中，所采用的物理及化学技术可以做到低耗能且无污染（图2-8）。目前，竹材在工业应用仍广泛与塑料树脂复合，新技术不仅使树脂材料的性能有所改良，同时杜绝有毒物质的产生和释放，减少环境污染。理论上，竹纤维与塑料在高温状态下融合，应有一定的防霉性和抗虫性，但目前相关研究报道甚少，仍有待进一步的实验验证，届时对于竹材的绿色评估（图2-9）也将作出进一步调整和完善。

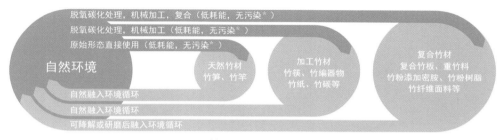

图 2-8　竹材不同加工度对环境的影响

（注：标 * 为 在加工中所用到的物理、化学技术均已实现无污染）

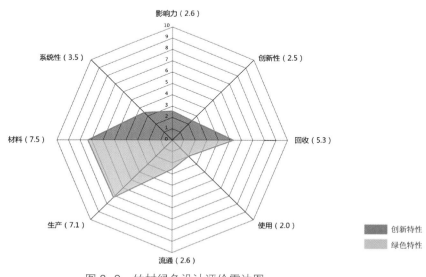

图 2-9　竹材绿色设计评价雷达图

（莫　娇　陆　洲）

CHAPTER THREE ｜ 第三章
产品创新案例

3.1 导光管：不需要用电的照明设计

　　天然光（又称自然光）作为大自然用之不尽、取之不竭的宝贵财富，是人类长期进化中最适应的光源。长期在天然光采光环境下工作能有效提高舒适性，提升工作效率。近年来伴随着能源危机、环境恶化等问题的不断出现，天然采光的重要性引起更多关注。如何利用天然光，尤其在大进深空间、地下空间以及无窗空间为用户创造舒适的室内光环境成为当前采光设计的一个重要技术难题和挑战。

　　另一方面，随着我国经济的飞速发展，用电紧张问题日益受到社会各界的关注，而照明用电在电能消耗中占有相当大的比重，根据统计表明我国照明用电约占全国总用电量的12%。因此照明节能可以产生巨大的经济、社会以及环境效益。开发节能产品、充分利用天然光资源成为解决能源紧张的重要途径之一。

　　导光管技术的出现，为人们合理利用天然光资源带来新的可能。伴随着导光管技术的快速发展，大量具有可推广性的导光管产品不断出现，为居室、商店、学校、地下室、运动场所、厂房等不同空间带来节能照明体验。

导光管技术

　　导光管采光又叫光导照明、日光照明、自然光照明等。系统主要分采光区、传输区和漫射区三大部分（图3-1）。

（1）采光区：利用透射和折射的原理，通过室外的采光装置高效采集自然光，并将其导入系统内部，其透光率高达 90% 以上；

（2）传输区：导光管内壁反光率高达 99% 以上，可以保证光线长距离高效传输；

（3）漫射区：由漫射器将比较集中的自然光均匀地散射到室内需要光线的各个地方，其透光率同样高达 90% 以上。

本文以"尚拓（Suntube）"品牌为案例进一步介绍导光管技术的特性及其应用。

图 3-1　导光管采光系统的组成部分

"尚拓"导光管

北京东方风光新能源技术有限公司生产的"尚拓"导光管采光系统，通过室外的采光装置捕获室外日光，并将其导入系统内部然后经过导光装置强化进行高效传输，由漫射器装置将自然光均匀导入室内需要光线的地方。无论黎明或黄昏、阴天或雨天，该系统导入室内的光线均有良好照明表现。根据数据显示，安装后可以显著降低建筑物内部 80% 以上照明能源消耗和 10% 以上的空调制冷消耗，大大减少二氧化碳的排放[40]。

"尚拓"导光管采光系统主要包括集光器、防雨套圈、固定圈、标准管、弯管、延长管和漫射器（图 3-2）。

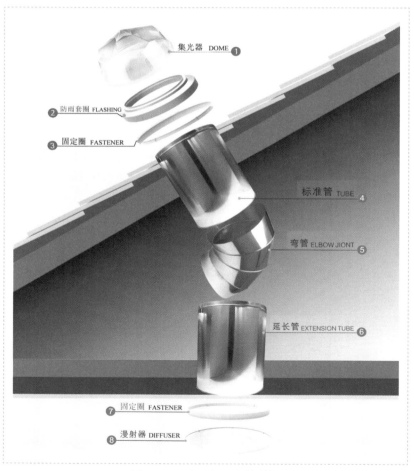

图 3-2 "尚拓"导光管结构

导光管的绿色设计主要包含了以下特点：

1）节能环保：导光管安装后可以显著降低建筑内部 80% 以上照明能源消耗和 10% 以上的空调制冷消耗，大量减少二氧化物的排放。

2）健康安全：导光管采光系统使人们避免了白天长时间生活在电光源下面，减少了许多疾病的产生，并减少了白天照明停电引起的安全隐患和用电引起的火灾隐患。

3）提高工作效率：导光管采光系统直接传输自然光线，全光谱、无频显、无眩光。采用自然光照明可以使工作环境更加舒适，减少疲劳，从而提高工作效率。

4）可调节性：通过调光装置（遮光片）的转动，控制进入室内的光通量，可对室内照度进行调节。

5）隔热保温性能好：比起采光天窗，导光管采光系统的导热系数非常低。

6）使用寿命长：导光管采光系统使用寿命超过 25 年。同时具有自清洁功能，不容易积聚灰尘。

应用案例

案例一：中国移动华东大区物流中心

中国移动华东大区物流中心项目位于江苏境内，项目建设地点为江苏省南京市，由中国移动通信集团公司于 2009 年 10 月 12 日在溧水县东屏镇工业集中区三区投资建设。该项目总投资 5.9 亿元，征用土地 172494 平方米，土建总面积 92800 平方米。屋面类别为混凝土，屋面采光区域面积约 8200 平方米。使用导光系统后，项目一年日间照明直接节省总用电费约为 20.95 万元。一年日间间接节约的镇流器耗电费用约为 5.24 万元，减少电力照明设备维护费和更换费每年合计约 4 万元。在此项目中，使用导光管采光系统每年可以节约电力能源 261887.5 千瓦·时，意味着减少了 261.1 吨二氧化碳、7.86 吨二氧化硫、3.93 吨氮氧化物、71.23 吨碳粉尘等有害气体排放到大气中。项目估计 2 年收回投资，10 年间节约费用总额为 301.9 万元。

海心沙广场是 2010 年广州亚运会的开闭幕式举办场地。通过将自然光引入喷泉下方的地下室是该项目的最大亮点。传统的采光方案很难保证防水，又影响景观效果。而导光管采光系统不仅让地下卫生间和地下通道采光良好，还为广场景观增加了独特性。海心沙的应用展示了导光管采光系统良好的防水性能和与景观匹配的灵活性（图 3-3）。

图 3-3 海心沙广场

评价与小结

导光管采光系统技术成本不高，可施行性强，组成部分全部采用绿色材料。在使用过程中，将自然光引入室内环境极大地降低了能耗，且延长了灯具的使用寿命，降低了人工维护和设备更新成本，节省了使用区域的运营成本。因此，在材料和使用方面具有相对突出的表现。而其在产品全生命周期的过程中的绿色特性，例如生产、流通、回收等方面仍有提升空间，从而进一步发挥其系统性和影响力（图 3-4）。

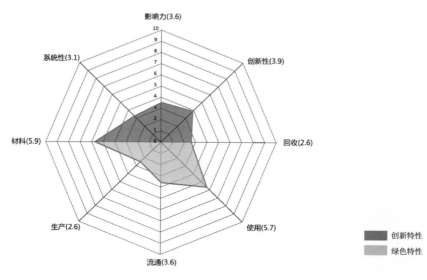

图 3-4　导光管绿色设计评价雷达图

（汪滋淞　朱明洁）

3.2 智控太阳能热水器：智慧清洁能源

图 3-5 可再生资源——太阳能

　　20 世纪以来，随着经济的高速发展，能源危机和环境污染越来越严重。为了缓解我国能源危机及环境污染问题，新能源和可再生能源的开发利用越来越受到重视。太阳能作为不限量、无污染的新能源，凭借其他能源不可比拟的优势，成为我国大力发展可再生能源的重要支柱产业之一（图 3-5）。

　　同时，随着我国居民生活水平和生活质量的显著提高以及国家政策的导向和媒体宣传的深入，居民的节能环保意识也越来越强，绿色、环保、健康已成为消费者购买家用耐用品时的重点考虑因素。太阳能热水器因其无污染、节能、环保、安全的特点，越来越受到人们的青睐。现在太阳能热水器已逐渐成为我国居民家庭中的必备家用耐用品之一。

我国的太阳能热水器市场起步虽晚，但发展相当迅速。2015 年，中国太阳能行业年会报告中讲到，经过 20 多年的发展，中国太阳能集热器保有量占到全球的 76%[41]，太阳能光热产业位列世界第一。

智控太阳能热水器

智能化趋势

如今，随着人们环保意识的不断增强，对于操作简单、功能强大的太阳能热水器产品的需求也在与日俱增。为了具备让使用者能随时掌控水温、水位、时间、上水、预约加热等功能，太阳能热水器控制系统也在朝着智能化的方向不断发展。

皇明手机智控一体机是皇明太阳能股份有限公司生产的一款智能化真空管式太阳能热水器。该产品借助网络通过手机实现对热水器的远程监控，还可随时查看系统运行状况，进行远程操控上水、电热等，同时精准掌控热水信息，保障热水安全顺畅供应到家。该技术通过 WIFI 技术与手机移动通信技术的应用，实现了家用太阳能热水系统的远程监控，体现了互联网科技为太阳能热水器产品带来更多创新产品和服务的可能（图 3-6）。

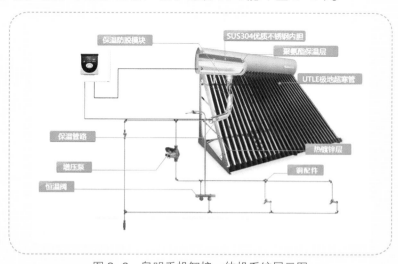

图 3-6　皇明手机智控一体机系统展示图

运行原理

太阳能热水器主要分为真空管式太阳能和平板式太阳能，其中真空管式太阳能占国内 95% 的市场份额[42]。这类太阳能热水器是由集热管、储水箱及支架等相关附件组成。主要依靠集热管吸收太阳光，把太阳能转换成热能，加热真空管内的水，水温升高后，密度变小，与水箱内的水形成对流，使水温上升，并通过聚氨酯保温层保温，达到存储并保温热水的效果（图3-7），兼具安装方便、经济、无污染等优势。

图3-7　安全的内胆材质

原材料选择和管控

皇明太阳能热水器产品在设计之初就遵循了节能环保的理念，除严格管控原材料、零部件、限制工艺制造过程中有毒有害物质的使用外，还积极探索使用环境友好新型环保材料，最大限度地减少对环境的影响，提高零部件材料的循环利用率。

手机智能控制

和目前常见的太阳能控制器相比，该控制系统不仅能通过手机实现远程监控，还可以随时接收信息，从而更及时地掌控热水动态，以满足人们对产品的智能化需求。该控制器除了能够显示水位、水温，还包括了时钟、上水、电热、管路防冻、红外、报警等多种功能，将太阳能热水器变成了可以和手机沟通的智慧产品。

智能控制随时自动上水功能还可以有效防止传统产品可能出现的溢水后

果；系统自带自动报警系统则杜绝了传统产品及配件故障给人们带来的不便，这些细节改善无疑为用户提供了更安全、方便、舒适的使用体验。此外在外观上采用了翠绿色 LED 圆屏，大眼睛造型在人机交互过程中传递出人性化的设计理念。

分布式销售网络

除了对太阳能热水器产品本身的改进，皇明还同步开拓了"5S"的产品销售网络，即展示（Show）、销售（Sale）、服务（Service）、信息（System of information）、太阳能文化（Solar culture）。这些"5S"概念店不仅有利于提升产品形象，宣传清洁能源理念，更主要的是为消费者提供健全的服务网络和服务管理体系，完善热水器从前端到售后的消费体验。

实际效益

对比其他类型的热水器，太阳能热水器无论是成本控制，还是节能减排效果，都具有非常明显的优势。以德州某小区安置房单机入户项目为例，此项目主要为用户提供生活洗浴用水，共安装了 400 台 16 支皇明金冬冠 210 系列热水器，楼顶面积足够，周围无遮挡（见图 3-8）。用水

图 3-8　德州某小区安置房单机入户项目

情况如下：每户 155 升；初温 16℃；日均用水水温：50℃；24 小时用水，落差供水。

经济效益分析——年节能量及投资回收期计算

该项目集热面积一共是 928 平方米，每年节能 1875228 兆焦，相当于年节省电能 578774 千瓦·时，换算成电费则每年可节省 29 万元，静态投资回收期 5.5 年，而采用燃油锅炉、燃气锅炉和电锅炉的静态回收期分别为 5.65 年、9.06 年及 6.32 年。

节能效益分析

热水是建筑物中排在供暖、空调和照明之后的第四大能耗。在正常的天气情况下，太阳能热水系统的设计标准可以满足人们生活用热水的水量和水温，但在阴雨天气时，仅靠太阳能热水系统本身是不能达到原设计要求的，通过采用辅助能源充分利用太阳能热水器产生的热水是节约能源的有效手段之一（表 3-1）。

表 3-1　节约标准煤量

年节能量（兆焦）	1 875 228			
使用年限	15			
15 年共节能量（兆焦）	28 128 420			
辅助能源	煤	石油	天然气	电
标准煤热值（兆焦／千克）	29.308	29.308	29.308	29.308
加热装置的效率	0.6	0.8	0.8	0.95
节约量（吨）	1599.6	1199.7	1199.7	1010.3

环保效益分析——节污减排

根据数据显示，太阳能热水器不仅节能，还可以有效降低电力产生的有害排放（表 3-2）。

表 3-2　节约能源和减少的各种环境排放物及其数量

产品类型	节约电（千瓦千时）	节约标准煤（千克）	碳粉尘（千克）	二氧化碳（千克）	二氧化硫（千克）	氢氧化物（千克）
金冬冠太阳能热水器 1m²	500.00	200.00	136.00	498.50	15.00	7.50

1 吨标准煤含烟尘 0.0035 吨，二氧化硫 0.024 吨，氮氧化物 0.007 吨，所节约的煤相当于减少烟尘排放量 5.6 吨，二氧化硫排放量 38.39 吨，氮氧化物的排放量为 11.2 吨[43]。以该项目为例，则折合成节约标准煤 185.6 吨，减少二氧化碳排放 462.6 吨，减少二氧化硫排放 13.9 吨。这只是一个工程案例计算出的环保效益，若以年推广面积约为 200 万平方米计算，则折合成节约标准煤 40 万吨，减少二氧化碳排放 100 万吨，减少二氧化硫排放 3 万吨。

评估与小结

太阳能是大自然的清洁能源，太阳能热水器则是一种节能、环保、经济、方便的绿色能源产品。应用、推广和普及太阳能热水器是解决我国广大居民生活低温热水和工农业生产低温热水最现实、经济、有效的途径，具有广泛的发展空间和巨大的市场潜力。

当然，热水器只是太阳能运用的一种可能，甚至可以说只是极小的一部分。根据本书的评价体系得到的评估结果（图 3-9），可以看到太阳能热水

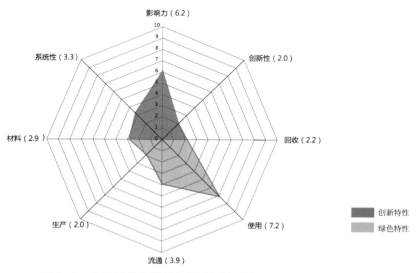

图 3-9　太阳能热水器绿色设计评价雷达图

器产品在材料、技术应用、生产流程、系统性等方面仍具有很大的改善空间。在 2015 年巴黎气候峰会期间，皇明提出了其最新的"全息生态"实践方案，这一洁能化能源利用解决方案计划整合太阳能发电、太阳能热水、太阳能采暖 / 制冷、太阳能饮食、节能门窗等以太阳能为主的洁能化解决技术，全方位覆盖社会生产中的绿色环保需求，纵深零能耗城镇建设、绿色旅游开发、生态观光农业、节能建筑改造等各生活多领域，并进行节能改造与管理，解决"能源，能耗，污水，废弃，尘霾，商害，心霾"的问题[44]。

　　未来皇明太阳能计划突破太阳能热水器生产企业的局限，重新整合太阳能技术，结合各种节能技术为主，转型为全新的系统集成方案供应商，向人们提供生产、生活方式微排的各类解决方案。

（汪滋淞　陆　洲）

3.3 建筑外墙垂直绿化系统

随着环境的恶化，城市绿化越来越受到人们的重视。中国城市高密度的环境中可供绿化的土地越来越少，屋顶绿化的发展也会因为建筑屋面被考虑用作太阳能设备安装、衣物晾晒等用途而受到限制。因此，垂直绿化的应用越来越受到人们的关注。成功的垂直绿化不仅美化城市环境，而且可以达到节能减排、净化空气的目的。然而，现有的垂直绿化系统因其构造复杂、价格昂贵、维护困难等问题难以推广，尤其难以用在既有建筑改造方面，必须在设计上实现突破。本文所介绍的绿色建筑——深圳建筑科学研究院（简称建科院）大楼在垂直绿化系统方面具有成功应用的经验。

深圳建科院垂直绿化系统特征

深圳建科院的立面运用了新型的垂直绿化系统。该系统不同于现有的滴灌技术，充分考虑绿色设计因素，具有标准化批量生产、模块化的产品结构、部件可回收再用、对雨水进行回收利用、易维护维修、改善墙体保温隔热性能、通过经典设计增加环境绿意等多种特征（图3-10）。

模块化的产品结构

新型垂直绿化系统包括防水挂件、钢丝网片、专用花盆、灌溉系统（灌溉管和水泵灌溉系统）和植物共5个产品层次组成。所有产品部件实现模块

图 3-10　深圳建科院外墙垂直绿化局部

化，现场安装简单快速。

防水挂件由塑料底座、不锈钢挂片和塑料锚栓组成。使用时需采用塑料锚栓将塑料底座和不锈钢挂片同时固定在墙面上，然后向塑料底座上的注胶孔内注射硅酮密封胶或聚氨酯建筑密封胶，直至底座和不锈钢挂片之间的溢胶通道中有胶溢出。防水挂件的用量为每平方米布置 9 ~ 16 个为宜，视安装地区基本风压及是否有台风而定，而不必与花盆的数量和位置一一对应。

网片通过防水挂件安装在普通混凝土或砌体墙面上。网片用的钢丝直径为 2.5 毫米左右，网孔尺寸为 66 毫米 ×66 毫米（也提供其他规格），材料有不锈钢焊接网片和涂塑钢丝网片两种。垂直绿化系统应采用壁挂式专用标准花盆，专用花盆的尺寸为 250 毫米（宽）×240 毫米（高）×80 毫米（深）。浇灌管每层楼设置一条，位于每层楼的最上一排花盆的上方。浇灌管采用 PVC 水管制作，对应每个花盆位置钻有 1 个或多个小孔作为浇水孔。浇灌管连接到水泵灌溉系统，利用雨水进行浇灌（图 3-11）。

部件采用可拆卸再用的设计

防水挂件生产简单。在确保不渗漏的建筑外墙（新建建筑已经认真做好防水，既有建筑无渗漏现象）上安装。其密集程度视使用地区的风荷载强度而定（可参照当地玻璃幕墙设计规范进行风荷载计算），每平方米不宜少于 9 个。防水挂件是系统中唯一的固定件，下面的三个构造层次都是在防水挂件

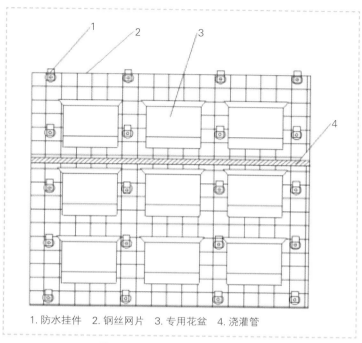

1.防水挂件 2.钢丝网片 3.专用花盆 4.浇灌管

图 3-11 垂直绿化墙面布置图

基础上进行安装，并且均拆卸以便回收再用。

（1）钢丝网片安装：直接将钢丝网片挂在防水挂件的不锈钢挂片上，可以方便拆卸、再用。

（2）壁挂式专用花盆的安装：专用花盆采用普通塑料制作，其耐久性应与建筑用塑料排水管相当，取下可再用，还可以部分更换。专用花盆设置有挂钩，可以简单地挂在预先设置在墙面的钢丝网片上，必要时进行捆绑以防被台风吹落。每平方米墙面宜挂 9 个花盆。

该容器的特征在于：其背面上部设有挂钩；其上部开口处呈喇叭状向外扩展，以利于收集上方花盆溢流的水；下部向外的外表面为呈 45° 左右的斜面，以减少对其下方植物的压抑，并在花盆底部形成滴水线；其前面板上距底部 1/4 ~ 1/3 总高处开有若干溢水孔；其上部开口处前后板上均开有绑扎孔。

（3）灌溉系统的安装：在每层楼设置一条浇灌管。浇灌管设置在每层楼的最上一排花盆的上方。浇灌管采用 PVC（Polyvinyl Chloride，聚氯乙烯）水管制作，对应每个花盆位置钻有 1 个或多个小孔作为浇水孔。浇灌管连接到水泵灌溉系统，利用收集的雨水进行灌溉。

（4）植物的安放：事先在地面将已经培育好的植物栽种到花盆中。按设计要求的图案确定每个花盆在墙面的安装位置，将花盆挂到不锈钢网片上。一般选用本地的、适宜性高的植物。

新型垂直绿化系统的结构合理，防水挂件直接安装在建筑墙壁上并承受系统的所有重力和风荷载，省去了钢制龙骨或承载用防水卷材（高强度基材），特别适合安装在既有建筑的外墙面上。防水挂件在首次安装完成后基本不需要维护维修。

钢丝网片间接地将花盆挂在防水挂件上，使系统的安装变得简单，且降低了个别防水挂件失效带来的风险。对于一些小采光窗和排气孔等无法安装塑料锚栓的地方以及墙体的边缘处，也可一样挂装专用花盆。专用花盆的形状可使植物始终以正常方式生长，并可使灌溉系统非常简单，完全不必担心浇水过量，还可减少灌溉次数。

与植物共生

专用花盆中的植物始终都可按照植物的正常生长方向栽培，即植物的根向下生长，植物的茎和叶向上生长（现有模块式垂直绿化的做法是，先将绿化模块平放在地上进行种植养护至植物成活，再旋转90°将模块竖直安装在墙面的钢制龙骨上）。植物栽在专用花盆中，约有1/3的末梢根可浸在水中，上部的大部分根可以充分吸收氧气，有利于植物健康生长（图3-12）。维护过程基本不需要对植物修剪投入人工。

图3-12　垂直绿化系统室外应用案例

现有的一些垂直绿化项目，由于植物根系生长穿刺，会导致建筑外墙漏水，系统设计就需要考虑防水材料的耐久性，大大增加了墙面设计的造价。而本技术方案采用了可使植物按正常形式生长的塑料花盆，植物的根即使会穿出花盆，也只能从前面的溢水孔穿出，不会接触到墙壁造成穿刺。

效益

除了本文介绍的垂直绿化系统之外，深圳建科院大楼在空间分布、照明系统、外墙设计、通风设计方面也有考虑和设计。通过被动优先的策略，强调人与自然的关系，营造了舒适、人性化的办公环境。如今的建科院大楼已全面实现了最初的建设目标：夏热冬暖地区绿色建筑技术的示范楼；新技术、新材料、新设备、新工艺的实验展示基地等，并取得了突出的社会效益：经初步测算分析，1.8 万平方米规模的整座大楼每年可减少运行费用约 150 万元[45]。

评估与小结

本系统可以广泛应用在高密度人居环境的各种立面上，在高密度都市环境中增加了绿意，增加了碳汇，同时改善了墙体的保温隔热性能。垂直绿化系统以"产品化"的解决策略，通过模块化设计、智能控制实现了智能绿色建筑表皮，具有很好的创新性。合理的设计使得产品可模块化批量生产，降低生产成本，使用中维护、浇灌都通过智能化操作完成，总体来说，在可操作性、系统性、创新性方面均有较好的表现（图 3–13）。当然，这个案例目前还仅仅是一个"产品原型"，与真正成功的产业化道路还有一段距离，用户体验也可以进一步提高，但其绿色建筑技术产品化的思维是值得赞扬的。当然，绿色建筑不仅仅是技术观，更是一种价值观。绿色建筑不仅提供健康舒适、资源高效利用的构筑物，还要引导社会行为和人文（包括人的生活工作方式、交往方式、行为方式、思想方式）[46]。从这点来说，绿色建筑的发展还任重而道远。

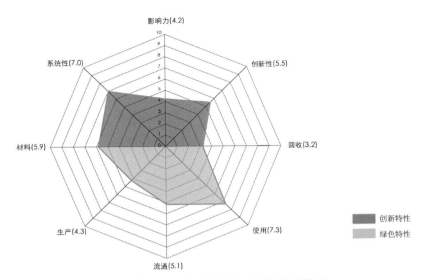

图 3-13 深圳建科院垂直绿化系统绿色表现评价雷达图

（邓雪溪 朱明洁）

3.4 好孩子婴儿推车：从摇篮到摇篮的循环新生之路

婴幼儿产品利用率有待提高

自 2006 年开始，中国进入了第四波人口生育高峰，每年新增婴儿数量为 2000 万 ~ 3000 万。按照新生儿出生数量进行累积计算，目前全国 0 ~ 6 岁的婴幼儿数量约 1.08 亿。这为婴幼儿产品市场带来蓬勃发展。但从目前婴幼儿产品市场来看，婴儿用推车、汽车安全座椅、餐椅、床等专门针对婴儿的产品，使用周期较短，随着孩子的成长，它们往往会被搁置在家里的角落。且出于对婴儿的安全卫生等因素，父母一般很少会选用二手产品。如何延长婴幼儿产品的生命周期来提高产品的利用率，是婴幼儿产品行业一直在思考的问题[47]。

好孩子的循环新生模式

C2C
产品理念

中国婴童产品生产商好孩子已经意识到了绿色可持续的重要性。2008 年 9 月，好孩子在国内申请 C2C 商标注册，并获国家批准。2010 年 1 月，好孩子在香港国际玩具展会上，首次推出 C2C 概念产品，如藤编系列产品、EVA 材料系列产品和木制系列产品。同年 7 月，好孩子企业与 EPEA35 公司合作协议的签署，正是宣布与"从摇篮到摇篮"[48]理念设计者迈克尔·布朗嘉特合作。好孩子 C2C 项目小组也正式成立，并提出了无碳育儿的理念。形象地说，就是一个生命消亡后，孕育了另一个生命，其中所有材料和资源得以不断地循环利用。也指把传统的依赖资源消耗的线形增长的经济，转变为依靠生态型资源循环来发展的经济[49]。好孩子企业从产品开发、原材料采购、生产制造、市场营销等各个层面，纳入 C2C 标准，进行设计生产监控。C2C 项目小组计划在 1 ~ 3 年内采用世界最先进的地热、水循环技术，建立一个世界级的新型现代化的、种类最齐全的婴幼儿产品研发中心，将 C2C 项目做成初具雏形、组建完整产业链，并在中国部分市场试运行；10 年之内，好孩子将会把这个概念推向世界的舞台，至少在成熟的市场及发达地区推广 C2C 产品。

研发 C2C 产品的难度相当高，这就要求好孩子企业在科研上有重大突破。不仅要求企业内部各个环节严格遵循，在整个生产流程中，包括产品制造过程、排放过程皆不能有毒有害。其核心是关注所有使用在产品上的材料的安全性，在生产制造与运输过程中使用再生能源，并与负责任的供货商合作，将企业社会责任整合进入价值链中，形成一个真正意义上的内部循环与外部循环兼顾的循环经济（图 3-14）。

此外，C2C 设计同时要求选择环保无毒材料。为此，好孩子投资建立了毒理实验室，自行测试成品。同时企业建立了一个 ERP 原材料数据库，制定 C2C 测试标准，收集并分析现有原材料的成

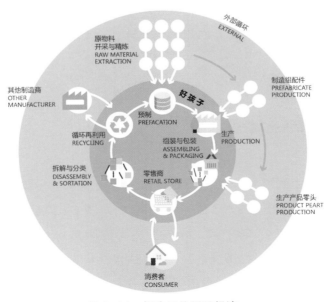

图 3-14　好孩子的循环经济

分，寻找新型环保材料替代原有非环保材料。好孩子采用帝斯曼的 C2C 认证材料进行生产的婴儿用推车、汽车安全座椅和餐椅等产品皆考虑了材料的无毒环保和使用回收过程中的资源利用问题。

利用率和最小的环境影响也是好孩子企业考虑的重要问题。如对铝的重新利用，好孩子每年耗用 4200 吨的原铝，若使用再生铝来代替原铝，每千克回收铝可减少 8 千克矾土、4 千克化学品、14 度（千瓦·时）电（95%）的耗用，目前市场上已可用原铝价格的 75% 购买到再生铝，在节能环保的同时又降低了原材料成本。此外，为 C2C 产品配套的资源回收中心也在积极筹建中。 此外，企业也将高效节能理念融入存储与运输过程中，提出业界新名词"折叠比"，即指童车展开的体积与折叠后体积的比值。一辆童车的"折叠比"越大，携带就越方便，孩子坐着越舒服。同时在一定程度上，同等体积的童车，折叠比越大，折叠后体积就越小，就能最小化存储空间和运输空间，有效减少了仓储、运输的成本和能耗。

模块化
零部件与
回收模式

好孩子产品的另一重要特征是广泛采用标准化、模块化的零部件，这极大地促进了产品报废后的回收利用率。C2C 中的材料就等于养分，有两种类型：一种是生物养分，它不仅对人类和环境无害，还能安全生物降解，产品用完后会腐烂、消失；另一种是工艺养分，由于其不能生物降解，这种材料几百年也不会消失，所以要重新回收利用。有些工艺养分无毒但未必无害，那么如何对这些工艺养分进行管理就尤为关键。好孩子原本设想把废弃童车从全国各地拉回昆山总部，统一进行回收再利用，但这么做的运输成本相当高。若将童车分拆，把零部件就近卖给其他企业，既不会对集团带来很大的负担，又为循环材料开拓了市场，真正形成材料的循环经济（图 3-15）。

EQO 是好孩子品牌的一个特殊的子品牌，旗下产品均严格按照 C2C 先进环保理念进行设计与生产。EQO 取自 ECO（Ecology、Conservation，Optimization，即生态、节能和优化）的谐音，意

生物养分循环　　　　　　工艺养分循环

图 3-15 好孩子童车中生物养分和工艺养分的循环

指好孩子的生态环保事业。好孩子 EQO 系列产品已于 2011 年 7 月 20 日全球发布（图 3-16）。推出以婴儿车为主打，覆盖木床、汽车安全座椅、儿童餐椅等系列的 C2C 产品，用时尚、前卫、多功能、轻便的高品质产品开启婴童产业 C2C 生态低碳环保经济的新纪元。目前该系列中已有 3 款产品经过了国际 C2C 银级认证，这在世界童车领域尚属首次，而好孩子也成了中国首家推出 C2C 认证产品的企业。全塑婴儿用推车是好孩子最新研发的一款婴儿推车（图 3-17）。此款推车使用单一材料这个产品概念，整合了汽车安全座椅的功能模块，考虑到了整个产品生命周期，概念新颖，是业界首创。单一材质制造，整体性更强，也轻便牢固，可循环、可持续的材料运用实现了 C2C

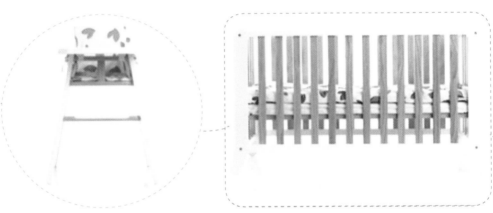

图 3-16 好孩子 EQO 系列产品

图 3-17 好孩子全塑婴儿用推车

的循环闭环。模块化结构使区域特色功能模块无缝连接。

　　首先，全塑婴儿用推车减少了材料种类，选择低环境影响的可回收塑料和布料。整个车架大大小小的零件，甚至小到各种螺钉、轴承均以塑料制成（图3-18）。塑料成型加工性能优异，使婴儿车的造型更具整体性和曲线美感，这是一般的金属材料很难做到的。整体大部分塑料采用比一般聚丙烯塑料强度和韧性更佳的聚丙烯。聚丙烯相对密度小，仅为0.89 ~ 0.91克/立方厘米，是塑料中最轻的品种之一。而螺钉等强度需求更高的零件，采用含有50%玻璃纤维的聚酰胺。车架重量为6千克，加上布套重量1.5千克，总重量为7.5千克，属于轻便型的婴儿车。 而在材料回收再利用方面，全塑婴儿用推车优化了报废系统，免去了一般回收过程中的最消耗人工劳动力的拆解和分类的步骤。目前一般方法是在产品生产时，在零件上标出材料代号，用不同的颜色表明材料的可回收性或注上专门的分类编码代号等。这样在产品回收时可以更好地掌握可回收零件的拆卸、分类和处理。但全塑婴儿车采用了更为高效的循环系统，在回收后取下布套部分，其余车架部分可直接粉碎过滤，利用密度不同对不同的塑料材料进行分类（聚丙烯塑料密度：0.89 ~ 0.91克/立方厘米；聚酰胺塑料密度：1.13克/立方厘米），再作为工艺养分进行循环利用，极大地提高了材料的回收效率。全塑婴儿用推车另

图3-18　好孩子全塑婴儿用推车的全部零件图

一特点是采用了模块化产品结构，使其可以和汽车安全座椅无缝连接。考虑到不同地域的市场需求、安全标准和审美需求的差异，无论是销往欧洲还是美国的汽车安全座椅，都进行了标准化的连接设计，使同一车型连接不同模块，在不同地域进行销售。

绿色效益

好孩子全塑婴儿推车对材料回收的绿色创新技术使得产品零部件可自然分解进入生物循环或重新回收进入其他产品生命周期，减少了材料回收的步骤，省去了拆解分类再回收的人工成本。同时极大地提高了材料回收再利用的效率，节约资源。而如全塑婴儿推车的模块化设计，将产品根据功能、结构、配色等进行模块化设计和生产，由当地销售商或个人消费者对商品进行个性化定制后装配销售。既能够解决产品种类、规格与设计制造周期和生产成本之间的矛盾，也为产品快速迭代、方便维修，废弃后的拆卸回收提供了有利条件。对于用户来说，使用更加便利，省去不必要的附加产品消费开支；对于环境效益来说，节约资源，优化回收渠道，促进环境可持续发展；而对于企业自身效益来说，既可以提升用户对品牌的忠诚度，又为整个婴幼儿产品产业提供了未来发展模式。

评估与小结

在婴幼儿产品使用周期短且产品需求大的背景下，好孩子企业坚持遵循C2C 的理念，找到了循环新生之路。除了研发团队在材料和生产过程中严格把控绿色无毒的标准外，好孩子在流通与回收模式上也找到了极具创新性和可行性的绿色解决方案。如图 3-19 所示，绿色流通以及回收的得分体现了好孩子 C2C 的可持续产品理念，特别是其模块化和易回收的零部件设计，提升了产品在流通和回收过程中的效率，对资源进行了最大程度利用。好孩子婴儿推车系列产品的绿色设计和流通回收模式经过用户和市场的检验，为其他婴幼儿产品企业的可持续转变作出了积极表率。评估图中的指标也充分反映

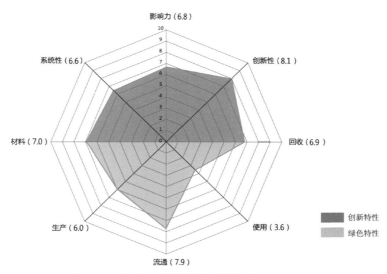

图 3-19　好孩子绿色设计评估雷达图

了企业的创新性带动绿色影响力和系统性，为婴幼儿产业如何进行绿色生产和高效回收提供了极具参考性的指导，也充分践行了企业在生态、经济及社会的多重可持续发展目标。

（杨文庆　姜晨菡）

CHAPTER FOUR ｜ 第四章
服务创新案例

4.1 爱回收网：二手电子产品的新生

现代电子科学与互联网技术的迅猛发展超出了所有人的想象，与技术创新相伴发展的是电子产品市场的不断发展，产品更新换代的速度不断加快。经济的不断发展也给人们的消费观念带来了影响。根据联合国环境规划署（UNEP）2009 年 7 月发布的报告《回收：化电子垃圾为资源》的数据显示，全球每年废弃的手机约有 4 亿部，其中中国有近 1 亿部，回收率却不足 1%[50]。每年数亿部设备被淘汰，既是一种资源流失，也对环境具有潜在的污染。大环境驱动下，电子垃圾处理产业正渐渐成为一种社会性需求。

现有回收途径比较

用户处理二手电子产品主要有线上和线下两种方式。

线上途径包括：①依靠互联网的分类信息网站；②专业二手交易网站。

线下途径包括：①小型二手门店；②商场或零售商的以旧换新措施。

这四种回收途径的优缺点如下：

（1）分类信息网站，如百姓网、赶集网、58 同城等

分类信息网站的使用流程为：注册账号→发布信息→等待买家→完成交易。这种方式的缺点首先在于发布信息者的等待周期往往较长，无法立即找到合适买家；其次，此类交易需要在网络上公布手机号码和部分个人信息，并且由于这类网站没有支付系统，必须通过银行转账或者见面交易支付，个人的信息和隐私难以保障；第三，针对二手电子产品的市场较小。

此类专门的交易类网站有完善的支付系统及用户身份认证系统，过程比较有保障。同时由于网站流量较大，二手产品类别比较丰富，周转率较快。而这种交易类型的缺点在于，和分类信息网站相似，其C2C（个人与个人之间的电子商务）模式缺乏专业的第三方来控制品质，尤其是对于电子产品来说是比较有风险的，二手买家需要有足够的专业知识来判断买到的产品是否和卖家公布的信息一致。

（3）小型二手电子产品交易门店

实体店的优点在于可以当场完成交易，省去了等待的时间。这种方式的缺点也比较显著：第一，目前的二手交易门店大多数属于私人经营的小型门店，没有建立完整的体系，因此回收产品种类比较单一。其次，价格基本没有统一的标准，浮动较大，要求卖者本身对电子产品的价格品质有比较专业的认识，才不致损失大部分的利润。

（4）通过商场或零售店"以旧换新"收购，在新产品销售价格中抵扣结算

这种方式的优点在于引入了专业的鉴定机制，使得二手产品的卖家得到一个公平的价格，而买家也能够买到质量有保障的产品。其缺点是不同的商家对于不同型号的产品收购价格也是不同的，卖家需要货比三家才能得到一个较高的收购价格。

通过以上对现有处理二手电子产品四种途径的分析，我们可以看到，目前现有的二手电子产品的处置方式存在以下几个普遍的问题：

（1）缺乏专业机构对于二手产品的品质鉴定，导致买家较难信任二手电子产品，而卖家由于很难找到买家，且产品卖价较低，导致其积极程度降低。

（2）缺乏透明的价格机制，使得收购及销售价格参差不齐，给二手产品的卖家和买家都造成了不便，没有形成良好的用户体验。

在线回收平台：爱回收

2011年4月，来自上海的两位创业者孙文俊、陈雪峰开办了一家专业收购二手电子产品的网站"爱回收"（图4-1）。爱回收网曾经叫"乐易网"，

图 4-1　爱回收网

是一个物物交换的线上载体。但经过一段时间的运营，发现大家对于二手电子产品的处理还是倾向于出售而不是交换。因此，专注于二手数码产品市场的爱回收网诞生了。

运作模式

　　消费者只需将自己二手电子产品型号信息、成色、功能完好度、剩余保修时限等信息在爱回收网上输入并提交。信息发出后，30 余家回收企业会给出各自的报价。用户可以选择价格最高者提交订单，选择合适的物流方式将旧机交给爱回收，得到现金或购物抵用券。

旧机处理渠道

　　爱回收网对旧机处理基本有两种方式。高品质设备有可能进入网站的"二手良品"模块，作为二手商品直接与买家交易。最常规的还是由回收商拍下后进行修补增值，然后流入二手市场。据爱回收团队介绍，他们所回收设备的主要流动方向是国内二、三线城市和农村地区，以及亚非拉国家的二手市场。至于不具有再交易价值的淘汰设备，则作为电子垃圾由专业公司进行拆解处理。重新进行交易的旧机占 85%，只有约 15% 进行拆解和提炼旧金属。

角色定位

爱回收在产品回收的体系中充当中转站的角色。产品回收的过程是一个逆向物流的过程。人们通常所讲的物流是正向物流。事实上一个完整的闭环供应链系统不仅包括正向物流还包括逆向物流。简单来说逆向物流就是使物品从最终目的地回流的过程。其目的是对回流的物品进行适当的处理并获取价值和利润。其主要过程包括：回收，检验与处理决策，重新制造与整修，再分销、捐赠和报废处理。与正向物流相比，它有着明显的不同：第一，需要回收物品的准确地理位置、时间和数量是难以预见的；第二，物品回流的地点较为分散无序，不可能集中一次向接受点转移；第三，回流物品目前的使用状况差异较大。逆向物流的这些特征给计划、控制收集和处理造成了很大的困难。同时，不同物品的逆向物流处理系统与方式复杂多样，不同处理手段对恢复资源价值的差异也较大。

爱回收注重打造产品的闭环供应链，具体来说，它通过以下四个功能定位来实现其功能（图 4-2）：

1）信息平台：爱回收收集二手卖家的信息，解决逆向物流中难以确定待回收物品的位置、时间和数量的问题。

2）收集者：爱回收派人上门收购，用户通过线下门店或快递将需回收产品寄往爱回收，爱回收再统一重新分配这些资源。

3）评估者：爱回收建立了一套量化的评估体系，使得回收产品能够被归类并决策出下一步去向。

4）分流平台：爱回收为二手产品的下一步去向提供了平台，或再流入下一位消费者手中，或集中交给第三方回收企业整修或拆解报废。

图 4-2　爱回收角色定位

爱回收网利用其新型的商业模式和激励机制，解决了现有二手电子产品回收渠道的一些弊端，具体来说有以下几方面：

（1）专业的品质鉴定

爱回收网定位 C2B（Customer to Business，即消费者对企业）模式，因为 B 端可控性好，容易施行标准化，其专业性也能给消费者带来信心和安全感。爱回收网站有一套量化的评估二手电子产品的标准，如屏幕是否有划痕、按键灵敏度等，用户能够很清晰地看到自己的产品是从哪几个方面被评估的，因而容易接受收购商提出的报价。

（2）透明的竞价机制

爱回收网创始人孙文俊和陈雪峰早就意识到，要在废旧手机回收领域有所作为，必须要有一套成熟的定价机制和检测公信力。而爱回收采用的竞价模式，已经从实时竞价改为了二次竞价，并且团队还会进行市场调研与数据统计[51]。

（3）简单解决问题的方式／良好的用户体验

爱回收网两位创始人把网站定位为和谷歌一样的"工具型"网站，用户进行交易的流程十分简单，他们只需要留下手机号和地址，工作人员就会上门收货。

（4）多样的回收渠道

爱回收网多渠道收集系统除了传统的快递和上门回收外，还包括与线上购物网站合作（例如京东网站），用户在购买新机时可以直接通过爱回收用旧机抵扣部分价格，进行以旧换新。在线下，爱回收在一线城市的交通枢纽、大型社区、商场都设有回收点，增加线下回收途径及扩大影响力（图 4-3）。

图 4-3　爱回收多样的回收渠道

效益

爱回收平台将仍有使用价值的产品进行再次分配，不能使用的产品拆解处理，有效践行了再利用和再循环的概念。

爱回收改变了用户把不用的电子产品闲置在家的习惯，使资源得到再利用。其主要通过两方面来施加影响力。第一是给用户带来实际利益：通过竞价收购确保二手卖家得到一个透明合理的价格，提高用户的积极性。第二是提供一个良好的用户体验：除了之前提到的简单解决问题的方式，上门收货也是爱回收提供良好用户体验的重要途径之一。通过收购人员和用户面对面的交流给用户带去专业、便捷的体验之后，用户回收二手电子产品的积极性提高，也更有可能向自己的圈子传播这样的良好体验，以带动更多人改变习惯。

对爱回收网站自身运营而言，也获得了行业的认可。2014 年它获得 800 万美元的 B 轮融资，投资方包括世界银行成员之一的 IFC（International Finance Corporation，国际金融公司）。在业绩方面，据了解，该网站日均成交 300 单，客单价平均在 800 元左右，在细分垂直类电商中属于少数实现收支平衡的公司。

评估与小结

爱回收因为其在材料上的绿色、系统上的创新以及对可持续社会文化的推动而获得较高的评价，各项指标之间也比较均衡（图 4-4），说明"回收"的习惯已经在二手电子市场逐渐形成。二手电子产品的回收和处理是环保行业未来的一个重要课题。其挑战不在于技术门槛，而在于用户习惯的培养。怎样通过有效的沟通方式去引导用户，以及怎样通过一个良好的服务体系设计让用户乐忠于使用并养成习惯是其中两个最重要的因素。在未来，二手电子产品回收的商业模型和服务平台会向哪个方向发展不是由"爱回收"们决定，而是由用户推动：用户的观念、习惯、需求推动市场，从而催生出相应的产品和服务。

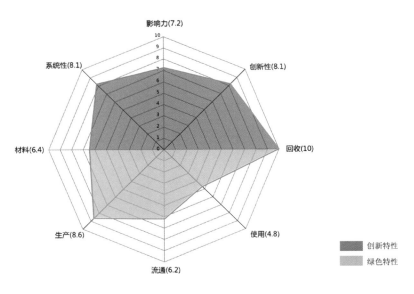

图 4-4　爱回收绿色设计评价雷达图

（刘力丹　钱晟旻）

4.2 永久：产品 – 服务体系设计助力老品牌转型

人口持续增长、生态环境污染、老龄化社会等一系列世界范围内的经济、生态与社会问题，对以资源消耗为基础的传统经济发展模式提出挑战。世界各国均在呼吁并积极探索经济 – 生态 – 社会的可持续发展模式，实现这一目标需要生产者和消费者从发展模式到消费习惯的共同改变。随着生态环境的恶化，可持续社会的转变无法只停留在现有产品的再设计（如使用环保材料）上，而是要更为彻底全面，这意味着基于能源、材料消耗获得经济增长的传统生活方式与其背后的商业模式的结束。在新的挑战下，设计主动介入创新过程，与商业及技术成为驱动创新的三驾引擎之一。一系列相关新兴案例与趋势表明，设计不仅作为一种解决问题的手段，更可以看作产生知识和整合性的行为。设计内涵开始由造物造型层面向服务与系统层面拓展。

上海市永久自行车集团（以下简称永久）创立于 1940 年，同上海牌手表、大白兔奶糖等均为老上海的知名品牌。永久作为中国第一代自行车整车制造者，用 70 年的时间为中国人制造了 1 亿辆自行车，是几代人的交通工具与共同记忆。随着城市发展，人们出行方式和生活方式的转变以及汽车的普及，自行车渐渐淡出人们视线，同时品牌面临战略转型的挑战。消费者对时尚与功能的追求，以及自行车行业与可持续的天然联系，永久管理者坚信以人为中心的可持续设计是其实现跨越式发展的动力，并在绿色产品设计和绿色产品 – 服务系统设计层面进行积极尝试。

绿色产品设计

自行车的复苏是城市化发展遇到交通瓶颈后的必然趋势，竹子与自行车的结合也就成了设计思维的一种顺势而为。龙域设计与永久 C 共同推出了设计创新的探索性系列——"笃行 DUCO"。竹材具有高度的韧性，与木材相比，承受相同的强度，竹材的体积可以缩减一半。设计师采用原竹材质创作自行车的部分车架构件，竹材的结构使其具有极佳的减震特性，是天然的适用于自行车的材料。开发团队为能将其适用于自行车的使用环境进行了一系列的技术创新，包括防腐、防潮、防暴晒的工艺处理。经过上万次的强度测试和历时近一年的多次实验改进，最终使"青梅竹马"系列首先实现小批量生产（图 4-5）。

图 4-5　永久"笃行"——青梅竹马系列竹制自行车

绿色产品－服务系统设计

除了产品层面的创新尝试外，永久集团还与政府合作，以产品－服务系统层面的设计创新方式进入公共领域。产品－服务系统设计作为一种以可持续为导向的商业模式与发展战略，被看作是经济和环境可持续联系的桥梁。旨在提供以人为中心重新定义的、可达到可持续发展目的的产品与服务。产品与服务的关系，由以产品为导向的服务向以使用和结果为导向的服务和相关产品拓展。产品是系统中的产品，服务是系统中的服务，两者无法孤立开来。从消费者获得物质产品所有权，到获得产品功能或最终使用结果转变。这样的转变，可以将个人需求与社会和环境的利益契合起来，达成以最少消耗满足最大需求的目的。随着社会与设计发展，产品－服务系统的商业模式对于企业（无论产品制造商还是服务提供商）都具有更强的商业驱动力和可持续驱动力。越来越多的企业不仅限于提供单一产品及产品售后服务，而开始重视系统层面的整体解决策略。"公共自行车租赁系统"是产品－服务系统设计策略具有代表性的案例之一。各国城市政府在全球能源危机、城市中心交通拥挤以及空气污染等一系列大背景下，相继推出措施，将自行车尤其是公共自行车租赁服务纳入城市公共交通系统内。整合最新技术及相关领域企业共同为系统服务，以缓解公共交通和环境压力。如米兰的 Bike–Mi、巴黎的 Vélib、巴塞罗那的 Bicing 以及哥本哈根的 ByCyklen 等公共自行车租赁系统项目实施后均取得有效成果。北京 2008 年奥运会期间短期推出公共自行车服务，杭州市也在此方面进行积极探索。2009 年 3 月，为完善区域交通服务设施与改善市民出行条件，上海市闵行区政府率先启动公共自行车免费租赁项目。为居民提供从地铁站点、大型卖场等公共场所到小区内的"短驳"服务，解决"最后一公里"的交通难题。永久集团作为上海知名自行车制造商义不容辞成为此项目的主体运营商。永久集团为满足"公共自行车租赁"系统需求，结合自身优势从产品研发、系统构建、服务模式与商业模式等方面应用产品－服务系统设计进行整合与创新。

产品研发　空心免充气轮胎减少维护量的同时增加自行车使用寿命；高强度铝合金零件与不锈钢材质连接件，可以保证 10 年以上运营周期；非标件专用车辆和锁具（FID 智能车锁扣与密码锁）最大限度地避免失窃；分离式租赁锁柱系统可避免类似巴黎公共自行车系统中借用时出现排队拥挤的现象（图 4–6）。配合系统需求的"接触点"❶设计，在提升自行车产品功能的同时配合系统有效运作。

❶ 接触点（touch point）是产品–服务体系设计中的专有术语，指产品–服务系统与人交互过程中的媒介，如界面、产品或空间等。

FID智能车锁扣

身份识别：便民车内置RFID对自行车的身份进行唯一的识别。

连接件：目前永久是唯一整车连接件采用非标件的公共自行车生产商，防盗且维护方便。非标件的配置杜绝车辆被盗的可能。

密码锁：采用专门开发的专用密码锁，以方便市民临时停车使用。

轮胎：采用空心免充气轮胎，减少维护量的同时，自行车的使用寿命大大增强。

材料：主要零部件均选用高强度铝合金材料，连接件采用不锈钢材质，可以保证十年以上的运营寿命。

图 4-6 永久自行车租赁系统

系统构建　应用通信技术、计算机网络技术、IPM 智能停车管理技术、机电一体化技术、IC 卡交通管理技术和 RFID 身份识别技术等先进的信息化手段和工具建立智能信息系统，将公共自行车的管理数字化、信息化，提高公共自行车的管理效率。后台管理系统具有通信、卡务、日常运营、车辆调度、客户服务、计费、支付结算、报表等八大管理功能，网络管理平台和 ID 辨识系统可以做到全天无人值守。锁柱的通信功能可通过 GPRS 实现，使网络成本大大降低，也使租赁点装置的设置和扩容非常灵活。信息化智能管理终端是永久公司在引进国外先进技术后为公共自行车租赁系统研发的城市信息化终端，可用于城市信息展示、公共自行车网点查询、周边网点空位查询、公共自行车自助服务等业务，在完善公共自行车网点服务的同时为城市信息化预留了绝佳平台，有效提升了多系统间衔接和用户使用满意度。

服务模式　闵行区政府希望公共自行车这一新的出行方式能够成为一项惠及区内居民的公共福利设施，因而在实际运行中，永久集团采取了一套不同于其他公共自行车系统的申请与计费方式。所有持本地居民身份证的居民可以通过实名申请的方式免费获得一张"诚信卡"（公共自行车系统租赁 IC 卡）。"诚信卡"使用积分制记录借还行为，每张卡内原始积分为 100 分，以按时归还奖励、违规使用扣分的方式进行管理。实名制申请，并注重与原有体系（社区居委会组织系统）对接的"接地气"的管理与服务模式，极大提高用户易用性、可达性，并有效降低了违规使用率。

公共自行车系统不仅能解决"最后一公里"交通难题，还可以带来良好的环境效益与经济效益。上海公共自行车项目利用产

商业模式 品－服务系统设计工具重新定义利益相关者关系与合作模式，采取"政府－企业"上下相结合的形式：永久集团负责整套租赁系统的建设和营运管理；地方政府提供政策和土地支持。这一模式链接了企业在控制成本、技术创新方面以及政府在引导和整合社会资源方面的优势，有效解决了前期资金投入、用地、路权以及后期运营的满意度和效益问题，从而吸引出行者使用。同时，与当地社区，特别是居委会的合作，拓展用户以及确保用户信息的可靠性，也是非常宝贵的尝试。

绿色效益

永久的绿色产品设计 永久"笃行 DUCO"系列，经过上万次的强度测试和历时近一年的多次实验改进实现了小批量生产，并获得 2013 中国设计红星奖、2014 上海轻工业优秀创新产品金奖等奖项。这样以绿色材料为卖点的产品设计为老品牌的战略转型带来很好的宣传效应，但同时也应看到，永久"笃行 DUCO"系列并未实现大批量生产与销售。

永久的绿色产品－服务设计 永久集团向购买方出售整套租赁系统和车辆，净利润在 10% 左右，比单纯销售一辆自行车高出 30% ～ 40%。由于购买方多数是地方政府，永久在出售整套租赁系统和车辆后，通常还为购买方提供运营服务获得额外收益。公共自行车租赁服务在闵行区试点后，很快拓展到上海的宝山、徐汇等区。短短三年多时间里，永久公共自行车又进入了重庆、张家港、昆山、深圳、佛山、成都、都江堰、遂宁、崇州、郫县等城市。

2012 年开始，永久开始将公共自行车系统拓展到国内更多城市，同时启动海外市场，目前已与北美、南美及日本的一些买家进行接洽。"政府主导、市场运作、企业管理"成为永久重新定义用户、市场与企业关系后，顺应可持续发展趋势的新的企业战略。产品 – 服务系统创新也促成永久由传统制造业企业向为政府和个人提供出行解决方案的半服务型公司转型。

评估与小结

永久集团这一上海老品牌在新时期，通过挖掘品牌内在价值，应用产品 – 服务系统设计进行企业战略转型——由产品层面绿色创新向系统层面绿色创新发展并获得成功。

从永久集团公共自行车租赁系统案例来看，产品 – 服务系统设计主导的创新相较于针对产品本身的创新更具创新性、影响力和系统性，可以从经济增长方式、生态和社会等方面为可持续发展提供综合解决策略（图 4–7）。通过重新定义社会中人 – 人之间的交互方式以及重组资源，改变以往主流的以消耗能源和资源获取快速发展的经济增长模式；走出以往仅依靠技术和生产进步实现环境改善，但同时逐渐被日益增长的消费冲抵的困境；同时创造更多的

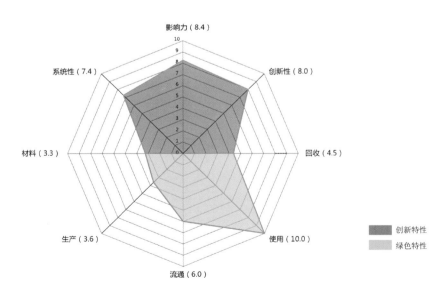

图 4–7　永久自行车租赁系统绿色设计评价雷达图

就业机会并促进创业团队形成。在创新式发展方面，发达国家与发展中国家之间差距非常小[52]，理解这一现实并且寻找超越策略对发展中国家的未来至关重要。从国内外案例与趋势来看，产品－服务系统层面的设计创新方式可以成为老品牌转型和经济－生态－社会可持续发展愿景的解决方案和工具之一。

　　当然，永久集团公共自行车租赁系统的绿色表现还有很大提升空间，即体现在产品端的绿色设计，包括原材料、生产、流通、回收等方面的考量；同时，在技术的整合、多元的商业模式设计、用户体验设计，特别是如何利用信息网络技术增加用户黏性方面还需要作进一步的努力。

（宋东瑾）

CHAPTER FIVE ｜ 第五章

系统创新案例

5.1 上汽集团：汽车设计中的绿色价值

汽车工业面临能源挑战

过去几年，世界经济延续缓慢复苏势头，中国经济从高速增长"换挡"进入到中高速增长的新阶段。在经济平稳向好的趋势下，国内汽车市场重现较快增长势头，全年实现汽车销售 2223.7 万辆，同比增长 14.6%。各项数据显示，中国连续第五年成为全球最大汽车市场。但与此同时，环境污染、能源紧张以及资源浪费等不利因素也对汽车工业敲响了警钟，汽车设计和制造面临的可持续转型迫在眉睫[53]。

上汽集团的绿色特征

创新的能源利用方式

面对当下逐年加重的环境污染及资源匮乏危机，节约能源的环保汽车成为了汽车工业创新和研发的新潮流。有别于传统保守的汽车设计，环保汽车设计潮流向世界传达出"时尚科技、绿色价值"的新理念。为打造属于中国人自己的新能源汽车，上海汽车集团股份有限公司乘用车公司（以下简称"上汽"）通过充分的市场调研，大胆突破传统思路，从节约传统能源和突破新能源利用方式的角度开发了多款电动车。基于中国汽车产业的发展定位——生产低污染、低能耗的高科技产品，上汽集团把新能源的利用开发放在汽车设计的核心位置，并配合造型工艺上的创新来落实和践行低污染、低能耗理念。

图 5-1　荣威新 750HYBRID 混合动力轿车

在新能源汽车市场大门开启之时，上汽已在新能源汽车领域形成多技术路线和多产品层级全面覆盖的整体格局，这让它在新能源市场开始拥有了更多的研发生产优势。如上汽荣威 E50 小电动车，充分探索了氢能源和氢电池的使用，汽车一次充电可行驶 100 公里左右；全新的荣威 360 系列，配备新一代蓝芯 20T 的超强动力，百公里油耗低至 5.7L；荣威 750HYBRID 混合动力轿车（图 5-1），比传统版本降低 20% 左右的油耗。另外，在新能源概念车的创新探索上，叶子（YeZ）概念车最具有代表性。它是上汽技术中心设计部为上海世博会所设计的 2030 年仿生环保车，将自然形态与仿生功能相结合，打造纯净环保的未来新能源汽车概念。YeZ 概念车的创新点是其叶顶太阳能晶片能够自动追踪阳光照射角度，从而保证最大化的光能收集效率，充分开发和利用清洁再生的能源。在轮毂部分，则创新地采用包裹式设计，使其与轮胎融为一体。轮胎上风叶的形态取自自然界的叶片形态，其形状能适应风能的最大化和最有效地收集。汽车在将风能转化为运行所需电能的同时，前臂光环也会从内到外有规律地发光，提示能量转化程度，配合用户了解汽车运行的能源实时动态。YeZ 概念车充分利用新能源的技术理念，彻底转变了汽车消耗能源的传统角色。从污染环境的"正排放"工具转化成吸收污染的"负排放"车，这一理念也将汽车的形象从地球石油能耗的消费者转变为新能源的生产者和利用者。因此，YeZ 概念车不单是汽车行业的研发先锋，更是为其他行业的技术研发提供了很好的共享平台[54]。

可持续的汽车生产体系

除了新能源汽车的创新外，上汽同样重视企业本身的可持续生产制造体系。在设计研发环节中，企业通过集成全球的优势资源，展开了深度的产学研合作，加快新能源汽车技术的应用研发。在采购供应环节上，上汽积极要求供应商减少使用有毒有害和难以降解的原材料，同时在后期控制上加强管理，控制报废环节汽车的有毒有害物和不可降解物扩散。再生产制造过程中，上汽集团通过与战略合作伙伴协作创新，对制造工艺和技术进行革新来降低能源消耗。并通过再生产工厂对工业用水进行节约使用，同时优化产能规划和提高生产效率，以达到有效减少"三废"排放的可持续目标。与此同时，上汽集团十分重视后端服务，运用互联网经济与传统经济相结合的方式，积极探索"一站式"服务，打造企业绿色服务生态圈。

在工厂的建设和生产中，上汽也充分融入了可持续理念。如工厂采用了节约型园林绿化模式，种植耐旱植物，降低绿化用水需求。同时工厂建设集生化、反渗透以及中水回用为一体的废水处理站，使工业废水经处理后可以用于冷却塔补水、绿化灌溉、工厂卫生等。在工艺设备上，从厂房建筑安装隔热保温设施，到车身车间采用的一体式电焊机和中频电焊机，上汽从技术设备细节上都做到有效减少能耗和回收能量。工厂的油漆车间水性色漆以及新一代阴极电泳技术使得 VOC（挥发性有机化合物）的排放控制达到了国际先进水平。在上汽所属的企业中，也均运用了先进设备和技术工艺，严格控制生产过程中的污染物排放。在减少废气排放方面，通过推广废气焚烧净化技术，VOC 的排放量达到国家《大气污染物综合排放标准》。在排放工业废水废物方面，各整车企业广泛采用无铅电泳、无铬钝化技术，并通过处理站对废水进行集中处理，确保各类排放物指标符合国家排放标准，且固体废弃物经过回收也充分实现了循环利用。在噪声控制方面，上汽所属主要整车企业严格按照国家《工业企业厂界噪声标准》杜绝使用高噪声设备，并通过推广降噪工艺，有效减少噪声污染。

另外，上汽围绕节能改造项目和落实能源管理制度也做出了积极的改革。一是落实责任，完善节能目标责任评价考核制度。将能耗总量和乘用车单耗目标纳入考核范围，并对下属 12 家重点企业强化节能目标要求和考核。二是推动重点节能技术，提升能源利用效率。2013 年已经实施的项目超过 50 项，节能 1.4 万吨标准煤。三是强化能源管理制度建设，要求下属企业修订完善能源管理程序和作业指导书，并进一步明确了能源统计、能源计量、节能技改等能源要素的管理职责和要求，文件的实效性和内容符合性得到加强。"金太阳示范工程"是国家 2009 年开始实施的支持国内促进光伏发电产业技术进步和规模化发展，培育战略性新兴产业的一项政策。该项目在上海大众、上汽乘用车、上汽变速器等上汽集团旗下企业厂房屋顶和车棚安装太阳能发电系统，总共利用面积约 32 万平方米，极大地减少了太阳能发电对土地的占用。该项目每年发电量预计在 5000 万千瓦·时，累计发电量可超过 10 亿千瓦·时。 上汽计划到 2020 年在全国 12 个生产基地的近百家下属企业实现光伏装机总容量 500 兆瓦，着力打造低碳工厂，实现绿色制造。

上汽集团在倡导和培养员工绿色办公和节能意识上也做出了很多努力，如坚持宣传、教育、管理并重的方针，将节能宣传工作纳入日常节能工作中。通过板报和讲座等丰富多彩的活动发出节能减排的倡议，并树立员工的环保节能意识。在新行政楼建设过程中，导入先进的绿色建筑理念，充分采用雨水回用、余热回用、屋顶绿化、光伏发电等先进节能环保技术，项目获得了国家住房与城乡建设部颁发的"绿色建筑设计评价标识证书"，成为目前沪上唯一通过中国二星级绿色建筑评审的一万平方米以上企业自用办公楼。

高效节能的运输形式

上汽集团一直将汽车物流作为集团重要产业来发展，其总体战略将汽车物流分为三方面，即整车物流、零部件配送和汽车服务物流。上汽物流信息系统包括：中央调控系统、仓储管理系统、网络业务系统、分供方管理系统和决策支持系统。上汽集团采用一体化物流管理，以安吉天地作为实际物流运作载体进行集团供应链整合管理，对所需原材料、零部件以及最终产品的供应、存储和销售系统进行了规划重组，从而加快了物料的流动，减少了库存，提升了运作效率，使信息可以快速有效传递，同时也节省了供应链的总成本。在各主机厂供应链和仓储结构的设计中，集团引入了"Cross-Dock"模式，并通过高层料架系统大幅度提高了物流中心的空间利用率。在仓储管理上，运用条码化管理、RF 无线扫描等技术提高了运作效率和精准度，减少了运输和存储中的面积总量。

在配送模式上，上汽根据本企业国内生产布局的特点，采取"以点带面，由中心向外辐射"的合理配送形式。根据不同距离范围对配送的辐射进行了合理划分，从而达到有效利用资源和运输过程高效节能的可持续目标。其主要模式是：在主机厂 150 公里以内，以主机厂为中心向各个转库配送；在 150 公里到 800 公里范围内，设立分拨中心，由物流公司负责，通过干路运输将产品从主机厂运送至中转库，再以中转库为中心向这一负责区域范围内进行配送；而在 800 公里以外范围，上汽设立大型分拨中心，产品运送至大型分拨中心后以此为中心向该负责区域的中转库进行配送。以点带面的合理规划使上汽在汽车运输和配送的环节中有效减少了能源消耗，带动了运作效率与配送质量，节省成本消耗，对环境的可持续做出了积极贡献。

企业效益与绿色价值

近年来上汽新能源汽车产品研发及产业化推进数据：

1 ）截至 2014 年底，荣威 E50 纯电动轿车已实现累计销售 812 辆。

2 ）截至 2014 年底，荣威 550 插电式混合动力轿车已实现累计销售 2734 辆。

3 ）2014 年，上汽集团继续加大对燃料电池汽车研发的投资力度，并完成了车辆的生产装配、调试、公告，成功销售 6 辆燃料电池轿车，应用于示范运营，成为国内首家获得燃料电池轿车生产认证的整车销售企业。

4 ）2014 年，35 家供应商参加上海通用绿色供应链项目。共实施了 134 个改善方案。拉动供应商投资 2764 万元，产生经济效益 3158 万元，其中节电 695 万千瓦·时 / 年，节水 22 万吨 / 年，减少三废排放 3.09 万吨 / 年。

评估与小结

在汽车产业倡导可持续生产制造的趋势下，高污染高能耗的制造模式已不再适合当代社会可持续发展的要求，上汽集团以节能环保的理念建立了前瞻的技术研发流程和创新产品以适应潮流。其可持续的核心特征体现为对传统能源的高效利用及新能源的开发探索，如评估图（图5-2）所示，上汽集团在绿色材料、绿色生产上有突出表现，通过对新能源的创新利用以及提高对传统能源的利用率，上汽转变了传统汽车耗能大、污染重的角色，向"负排放"的可持续型交通方式迈出了积极探索的一步，为整个产业带来显著的绿色影响力。上汽集团通过系统整合以及服务创新，不仅在原材料采购和产品配送物流中积极贯彻绿色理念，在生产和工厂建设中也同样践行可持续管理，整体提升企业的绿色系统性和影响力指标。其新能源概念车更是对未来汽车产业及企业生产生活方式进行的前瞻探索，充分印证了绿色生产、更低能耗以及更充分发掘新能源注定是汽车行业和其他产业升级前进的必由之路。

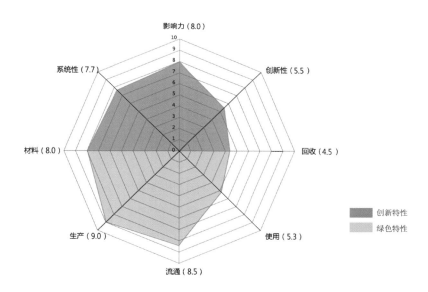

图5-2　上汽集团绿色设计评估雷达图

（刘　伟　姜晨菡）

5.2 华为：以绿色设计管理构建循环经济模式

绿色 ICT 服务时代

今天的信息与通信技术（Information Communications Technology, ICT）正以前所未有的速度和力量，全面地重塑着人类社会的政治、经济和生产生活方式。ICT 技术正帮助无数的个人、企业和机构组织提升效率、高效协同和敏捷创新。得益于此，人们能够畅享极致的信息通信体验，实现自由的沟通分享与思想交流。与此同时我们也看到，全球的可持续发展仍面临着严峻的挑战和压力：社会经济发展的不平衡进一步加剧，目前全球 3/5 的人口仍处于宽带网络信息社会之外，错过利用 ICT 技术为生活所能带来的无限机遇，环境恶化和自然资源过度消耗也没有得到有效缓解。

目前，华为的产品和解决方案已经应用于 170 多个国家，服务全球近 30 亿的人口。他们持续提高产品的再利用、再循环比例，降低填埋率。同时结合在节能环保设计等方面的优势和经验，提供并推广绿色 ICT 综合解决方案，促进各个行业的节能减排，助力于循环和低碳社会的建设。

绿色设计管理

华为将节能环保的理念融入到产品的开发过程中，从而提高产品材料、能耗、包装、物流、生产与回收等整个生命周期的环境绩效（图 5-3）。

减量化设计　生物材料
减少原材料和
使用可再生材料
有害物质管控

可制造性设计　轻量化设计
减少能源及
资源消耗
可运输性设计　绿色包装设计

精细化节能设计　高效冷却
耐用性　能源及
资源效率
高效供电　新能源利用

易拆解
再利用和
再循环
再利用质量保证

原材料获取	生产运输	安装使用	废弃处置

图 5-3　华为全生命周期生态设计

材料管理　　华为发布了第 4 版华为管控化学物质清单（Huawei Substance List V4.0），管理在制造过程中所使用的材料、零部件和产品的要求，并积极探求替代物质，持续不断地减少有害化学物质的使用。2013 年，华为禁用的物质达 35 类，申报的物质达 90 类。除了严格管控原材料、零部件、工艺制程中的有毒有害物质的使用外，华为还积极探索使用环境友好型材料，最大限度地减少对环境的影响。如 2013 年起华为在手机产品中使用的生物基塑料，具有传统塑料无法比拟的优势，它均是从纯植物中获取的，可以减少对石油的消耗，在很大程度上减少对环境的污染和破坏（图 5-4）。

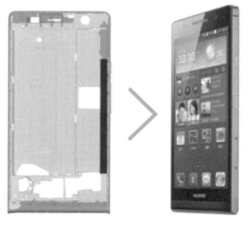

图 5-4　华为 Ascend P6 手机中框塑料的蓖麻油含量为 10%

华为同样在提高产品能效、开发利用新能源方面不断改进，持续创新，开发并应用了多种节能产品和节能措施，帮助客户减少能源消耗和碳排放。通过一系列创新的产品架构和解决方案，如 Blade RRU（刀片式射频拉远单元解决方案）、AAU（有源天线基站解决方案）、AtomCell（基于小基站解决方案）、LampSite（基于小基站 2.0 解决方案）、LTEHaul（基于 SDN 的移动承载方案）等，结合高效功放、电源以及智能关断等软节能特性，华为显著减低了基站的能源消耗和排放。随着网络全 IP 时代的到来，路由器在网络中的数量日益增加，其节能降耗意义重大。

华为引入精细化设计理念，通过细分场景，定义和挖掘设备降低能耗的机会点。如根据业务负载情况，对设备进行动态节能、接口关断节能、根据环境温度风扇自动调节转速等节能设计；通过减少颜色、降低对比度和智能关闭非核心功能等达到智能手机省电目的（图 5-5）；利用 CPU 休眠技术，根据需要在适当时间唤醒多核 CPU 进行运算支持等。

图 5-5　手机极限省电模式用户界面

绿色包装

华为制定了绿色包装"6R1D"策略，即以适度包装（Right Packaging）为核心的合理设计（Right）、减量化（Reduce）、可反复周转（Returnable）、重复使用（Reuse）、材料循环再生（Recycle）、能量回收利用（Recovery）和可降解处置（Degradable）。这样的绿色包装策略具体表现为以下方面：

①大豆油墨。大豆油墨具有良好的环保性、安全性、可再生性，且无VOCs（Volatile Organic Compounds，即挥发性有机物），耐摩擦耐热，益于人体健康和设备维护，同时其印刷品脱油墨容易，便于包装材料回收利用。华为终端一直在进行大豆油墨印刷的使用，与美国大豆协会签署协议获得其大豆油墨商标使用权。2014年华为在全部终端产品包装中推广使用大豆油墨。

②电子版信息推送。通过华为云服务和电子版的帮助信息推送，极大地减少了说明书印刷的投入，说明书从数百页减到仅10页左右。

绿色物流

华为在不断优化全球网络布局和运输路线，改善供应模式和物流方案的同时，也选择与全球领先的物流服务供应商（LSP）协同合作，实现降低物流成本，减少温室气体排放，降低对环境负面影响，实施绿色物流。持续加强与物流供应商在绿色物流方面的合作，在满足客户交付要求的基础上，尽可能选择最低碳环保的运输方式，减轻对环境的影响。例如：某批次产品，从北京到德国杜伊斯堡，华为全程采用火车运输，碳排放量只有空运的4.7%（图5-6）。

图5-6　货物不同运输方式CO_2排放量对比（单位：吨）

绿色生产

基于温室气体的量化和分析，华为设定了温室气体减排目标，持续监测和改进温室气体排放管理绩效。太阳能作为清洁可再生能源，越来越受到人们的重视，并逐步成为人类能源的重要组成部分得到不断发展。华为近年来一直在积极研究使用新能源，降低自身碳排放的同时减少企业运营成本。华为规划在深圳、杭州、南京等地建立太阳能电站项目，投入使用后，将为运营提供更多电能，有效支持公司二氧化碳减排目标的实现，为低碳社会建设贡献更多的力量。

循环经济理念

传统粗放型的经济发展模式造成了资源短缺、环境污染、全球生态系统破坏等一系列问题，循环经济商业模式已逐渐成为各方共同的战略方向。华为积极致力在设计阶段消除废弃物，通过平台化、模块化设计，在满足技术进步和网络演进目标前提下，尽可能延长在网设备使用寿命，在使用过程中挖掘产品的最大价值。持续提升产品可靠性、可维修性，确保设备、板件尽可能长时间使用。同时提供"站点利旧"[1]解决方案，既减轻了客户投资压力，也减少站点基础设施报废造成的资源浪费和环境污染。

通过开展"摇篮到摇篮"的循环经济实践，实现资源的可持续利用（图5-7）。手机以旧换新项目鼓励消

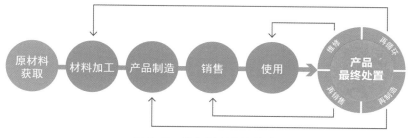

图5-7 华为循环经济模式

[1] 站点利旧是指充分利用现网丰富的铜线资源和站点资源，依据不同的商业场景和终端用户的带宽需求，尽可能减小现网改动，使投资收益最大化。

费者用旧手机置换新的智能手机并享受一定折扣，而旧手机将被回收或用于拆解。该项目有助于减少电子废物，助力循环经济发展。消费者只需登录网站，按旧手机的使用情况计算其价值，并选择希望购买的新智能手机即可完成操作。华为向消费者提供已预付运费的包裹，消费者可以免费邮寄旧手机，无论是什么品牌的旧手机，华为都向消费者支付手机的回收费用。手机以旧换新项目中，华为与 Recommerce Solutions 和 Ateliers du Bocage（ADB）两家企业开展合作。ADB 董事长兼创始人 Arru Bernard 这样描述 ADB 与华为之间的合作伙伴关系的社会意义："华为委托 ADB 进行手机回收，体现了他们对促进可持续性和包容性的社会承诺。"

华为与废品服务供应商建立全球报废品处理平台，对于不能再利用的电信设备进行一站式的拆解和处理，使电子废弃物能够得到环保的处理及资源循环再生，最大限度地减少填埋率。某项目涉及 2734 吨废弃设备需要处理，华为首先对废弃物进行分类，对于PCB（Printed Circuit Board，印制电路板），集中运送到新加坡进行深度处理和贵金属提炼，对于非 PCB 材料，由供应商在符合环保法规要求的基础上在本地进行材料拆解，分离出钢铁、塑料等转售至原材料市场，实现资源循环再利用。

效益

仅就 2013 年的数据列举，华为通过绿色设计管理，将节能环保的理念融入到产品的开发过程所提高的产品材料、能耗、包装、物流、生产与回收等整个生命周期的环境绩效：

华为东莞基地太阳能电站全年发电量达 350 万千瓦·时，减少二氧化碳排放 3228 吨。华为累积发货 214882 件绿色包装，节省木材 45717 立方米，减少二氧化碳排放 30176 吨。2013 年，华为在全球共处理废弃物 9220 吨，其中废弃物填埋率降低至 2.57%（图 5-8）。

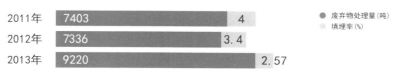

图 5-8　2011—2013 年华为全球废弃物处理量及填埋率

华为单位建筑面积二氧化碳排放量较基准年 2011 年下降 7.7%。由于公司业务的持续增长及建筑面积的增加，2013 年单位建筑面积二氧化碳排放量与 2012 年持平（图 5-9）。

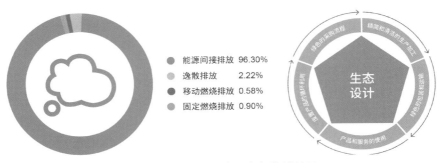

图 5-9　2013 年华为温室气体排放图

华为物联网 MSCoIP 解决方案帮助墨尔本大学实现了智能能耗监控、集中式的管理，降低能耗超过 60%。

评估与小结

华为通过绿色设计管理，将绿色设计系统地融入了企业的生产服务、创新管理和品牌战略体系，覆盖了材料、能耗、包装、物流、生产与回收等全产业链，实现了华为制造及服务系统整个生命周期的环境绩效提升。信息科技等技术的系统应用，助力了客户和利益相关方提升效率、降低能耗、整合全球资源、推动低碳经济增长、实现产业链和各行业的共赢和可持续发展。华为的绿色设计理念体现了一个全球领导型的高科技现代企业应有的环境和社会责任。事实上，这也是华为应对全球竞争，突破"绿色贸易壁垒"的必然举措。在这个信息网络时代，电子通信行业更新换代周期普遍较短，生产、服务系统庞大且高度复杂，整个行业绿色制造和绿色设计的压力及挑战都比较大。尽管绿色设计在华为已经被系统地应用，但应用的广度、系统性、有效性等真实影响力都有待进一步研究和评估（图 5-10）。

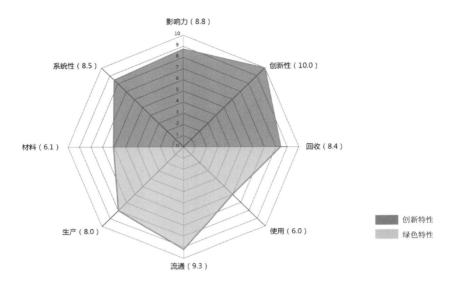

图 5-10　华为生态设计体系绿色设计评价雷达图

（刘　伟　宋东瑾）

5.3　海尔：绿色家电战略体系

家电领域的绿色生产趋势

随着技术革新潮流的到来和我国人民生活水平不断提高，我国电子废物的产生量近年来加速增长。据估计，仅在家电领域，我国每年的理论报废量就超过 500 万台，报废量年均增长 20%。多项数据显示，我国已经进入家电报废高峰期[55]。因此，家电企业要从初始的设计阶段就开始考虑尽量减少产品在研发生产、使用以及报废回收的过程中对环境的影响，实现产品的绿色生产、绿色使用和绿色回收的可持续目标，切实为中国家电业循环经济的发展做出贡献。

海尔集团绿色战略体系

海尔集团已充分认识到家电产业可持续生产和绿色回收的迫切性，因此集团制定了企业绿色战略体系，包括"绿色设计、绿色制造、绿色回收、绿色营销"四大部分。从产品设计到回收全流程践行绿色低碳理念，并从内部将绿色环保的理念对全球近 7 万名员工进行全面的普及和教育，为全球消费者提供绿色环保的整套家电解决方案。目前，海尔是业内唯一通过国家"低碳认证"的家电企业。在国外，海尔也率先达到了欧盟、美国能源之星标准，并获得多个国家的环保节能补贴。从产品的设计、制造、运输、使用，到回收再利用，海尔始终以低碳理念为指导，对所有家电产品进行了全生命周期中的绿色特性分析（LCA），通过重点开展产品的模块化、可拆卸、材料的可循环利用及节能、降噪等绿色设计中关键技术的研究，使得海尔产品在全生命周期内具备优异的环保性能。

绿色
设计

以海尔集团最有代表性的冰箱为例，在设计之初研发团队便思考了能耗问题，以国内一级标准、欧洲 A++ 及 A+++ 标准为目标，在同样的规格内将冰箱容积做到了最大的 318 升，极大程度上节约了原材料的使用。不仅仅是冰箱产品，海尔同样在各个生产线的家电产品上全面践行绿色设计理念，进行生命周期内绿色特性分析及研究，使海尔在全生命周期内的环保性能达到国际领先水平[56]。

在原材料采购方面，在绿色采购基准实施的基础上，海尔集团研发团队也会根据产品需求，创新使用新型材料。如传统市面上的冰箱面板大多采用 VCM（氯乙烯）钢板材料，VCM 材料中有一层 PVC 膜，在燃烧时会挥发有毒的气体，污染环境，且不能达到销往欧盟的标准。而海尔引进了欧洲专利技术，融合传统辊涂 PCM 和覆膜 VCM 的优点，并结合了自身工艺特色，研制出第三代家电彩板，即新型环保彩板 PEM（图 5-11）。这种新型彩板不仅具备 VCM 靓丽的外观和优秀的装饰效果，而且完全不含 PVC，是真正意义上的无毒害绿色彩板，已经成为家电和装饰彩板行业发展的新导向。

新型环保彩板PEM

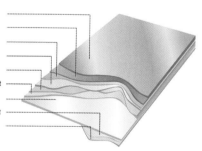

保护膜层 / Protective Film
PET层 / PET Layer
印刷层 / Pattern Layer
黏结层 / Adhesive Layer
专用涂层 / Special Coating
化学处理层 / Chemical Treatment
基板 / Substrate
化学处理层 / Chemical Treatment
背涂层 / Back Coating

PET/PVC层压金属板

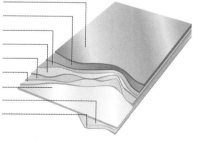

保护膜层 / Protective Film
PET层 / PET Layer
印刷层 / Pattern Layer
PVC层 / PVC Layer
黏结层 / Adhesive Layer
化学处理层 / Chemical Treatment
基板 / Substrate
化学处理层 / Chemical Treatment
背涂层 / Back Coating

图 5-11　PEM 材料替代 VCM

在生产过程中，海尔以低能耗、低排放为目标，全面打造符合环境要求的绿色产品。传统的冰箱等产品喷涂工艺较多，海尔在进行了多方面的尝试后，在注塑里面加入珠光或金属粉效果，代替原来喷涂珠光效果。且对珠光的大小和数量以及模具的浇注口设计等进行优化，有效地减少了三废排放，达到更少和更清洁生产消耗的目标（图5-12）。同时，工厂在生产制造过程中严格遵守法规，有效控制铅、汞、镉、六价铬、聚溴二苯醚等有毒有害原料的使用。

图 5-12　注塑材料替代喷涂的冰箱

传统冷柜需要消耗大量常规能源，间接对环境造成严重污染。而海尔的商用智能太阳能冷柜则使用更清洁的能源，降低能源消耗，有效减少产品使用期的环境影响。太阳能是最清洁的能源之一，既是一次能源，又是可再生能源。它资源丰富，既可免费使用，又无须运输，对环境无任何污染。但现阶段也存在种种因素限制着太阳能制冷技术的广泛应用，比如受时效影响和四季变化昼夜更替，太阳能的利用率较低。海尔商用智能太阳能冷柜配置了太阳光自动追踪系统，大大提高了太阳能的利用率。它采用太阳能光伏蓄电技术，几乎实现零耗电，节能减排效果显著。相配套的大容量电池自动续航能力可长达 24 小时，在日照不足或者在夜间则由蓄电池控制器给冷柜供电。如遇连续阴雨天等不可抗拒天气因素，也可以用市电充电或直接连接市电使用。同时，冷柜在设计上也优化了产品初始寿命，对产品结构进行了整体设计和模块化设计，售后维修方便快捷，有效降低人力成本。其制冷机组采用 Cassette 机组设计，该机组在系统故障时，能快速置换备用机组，有效减少对终端售卖的影响，实现高效、低成本维修服务；配置卡乐智能温控器，控温精准、智能管理，可有效降低能耗。并采用全宽冷凝器和高换热效率翅片蒸发器设计，热交换效率高，快速制冷。采用这项技术的产品使用寿命可高达 15 年之久，比传统制冷系统的寿命长 5 年以上。此产品还有着良好的可移动性以及良好的户外适应性，在使用中能够更方便地满足短途运输、更换场地等需求，产品局限性更小，利用率更高。使用助力模式的冷柜还可以实现自主驱动，移动省力更方便。而箱体按照室外 IP24 防水等级的严酷条件设计，先进的防溅水结构可以保证在大暴雨气象条件下雨点不会溅落到电器部件内部，保证系统正常运行，满足户外气候条件使用。

绿色
回收

废旧家电及电子产品既具有污染环境的潜在可能，也具有资源再生利用的潜在价值，充分回收利用可以有效保护环境并实现资源的循环利用[57]。当产品生命周期到达报废阶段时，海尔将对其进行绿色回收再利用，实现产品生命周期的闭环。目前，海尔积极通过各种渠道回收集团内部的废弃家电及电子产品，包括新品开发和生产中产生的报废品和试验品。通过售后服务从社会上回收的废旧家电，销售过程中"以旧换新"的废旧家电和企业内部使用的报废电器、电子设备统一交给青岛新天地生态循环科技有限公司进行处理。海尔的绿色回收战略不仅减少了废旧家电对环境的污染，同时回收的可再生原材料经过拆解可重新得到利用。海尔已开发了多项关键回收处理技术，并建立中国第一个国家级废旧家电回收处理示范基地和第一个绿色环保教育示范基地。国际领先的拆解线也已投入运行，由为单个企业的服务延伸向为更多企业和用户的服务。

海尔的绿色经营战略首先是依法经营，严格按照国家法律法规的要求开展生产、经营活动；其次是要始终坚持绿色和环保的经营理念，并将其融入产品的市场调研、设计、制造、销售、回收及资源化利用过程的每一个环节中。

在营销的运输物流环节中，海尔首先将包装箱做到最小，相比传统的包装减小了10%，做到单次运输最大装箱量，通过节省单次运输能量消耗来达到节能环保的目的。其次，依托集团先进的管理理念和强大资源网络，为全球客户提供高效综合的物流集成服务。其核心竞争力是依托集团资源网络，消除企业内部与外部环节的重复或无效的劳动。同时，海尔市场链流程经过再造与创新，形成了规模化、网络化、信息化的JIT（Just In Time，即实时生产系统）采购及配送体系。JIT体系全面推广信息替代库存，使用电子标签、条码扫描等国际先进的无纸化办公方法，实现物料出入库系统自动记账，达到按单采购、按单拉料、按单拣配、按单核算投入产出、按单计酬的目标，形成了一套完善的按单配送体系。在处理大批量订单上，海尔物流提供"B2B，B2C的门对门"的运输配送。在零散、小批量的订单处理上，以运筹优化的观点，实现一线多点配送，形成一个以干线运输、区域配送、城市配送三级连动的运输配送体系。综上所述，海尔物流的绿色特征体现为：提高运作效率、减少操作环节、降低运作成本和提高管理质量。

绿色环境效益

海尔集团持续十年发布环境报告书，从企业自身的绿色创新战略出发，不仅为国家环保标准《企业环境报告书编制导则》（HJ617-2011）的编制提供了重要基础，同时为国家完善环境管理体系及建立企业环境信息公开制度先行先试。也借此在提升企业环境管理方式及效果方面取得了一些成绩，顺利实现了"产品高新化、管理现代化、园区生态化"的发展目标。2014年，海尔成功推出了一批更节能、更环保、更具性价比的产品，进一步满足消费者的多样化、个性化和绿色化需求[58]。在园区生态化建设管理方面，通过拓展光伏规模推广清洁能源、拆除锅炉实现园区"无煤化"、改造管网推进中水回用等实际行动，海尔实现了单位产值能耗、水耗及单位产值废水、化学需氧量、二氧化硫、二氧化碳排放量分别降低 5.4%、24.6%、44.8%、52.5%、21%、7.2% 的良好绩效。在确保产品质量、提供人性化服务的同时，海尔为缓解环保压力、保护生态环境做出企业应有的贡献。面对雾霾、气候变化等严峻的环境形势，未来的海尔将更全面、更透明地向公众展示企业环境信息，广邀社会监督，积极推动经济"绿色化"，与全社会共同创造美好的明天。在海尔集团的环境报告书中，总结了近十年来对环境可持续所

表 5-1　海尔集团以环境可持续为目标的企业创新

	环境行为	环境管理成果
2005 年	海尔着手筹备环境报告书编制工作，分析集团内部生产、经营等各环节环境信息，初步开展节能减排工作	海尔获得青岛市政府颁发的青岛市节水型企业、节能先进企业和山东省环境友好型企业等荣誉称号
2006 年	海尔积极应对欧盟 RoHS、WEEE 指令，减少家电产品中有毒有害物质的使用；推行清洁生产	海尔旗下的 17 个子公司通过了 ISO14001 环境管理体系认证复审，25 个主导产品事业部通过清洁生产审核
2007 年	为保障第 29 届奥运会帆船比赛期间的环境质量，海尔全面改进脱硫工艺，改造污水处理设施，推动节能减排工作	海尔入选"首届中国绿色采购高峰论坛"评选出的"中国绿色采购首选品牌"，13 个系列产品获"绿色之星"称号
2008 年	海尔积极履行"绿色奥运"的使命，为 37 个奥运场馆提供自然冷媒自动柜员机、太阳能空调等绿色产品 60000 件	在"能源效率与企业可持续发展"高层圆桌会议上，海尔荣获"节能环保最佳企业奖"
2009 年	海尔在企业内部对生产工艺、设施进行绿色化改造，完成节能减排工作目标	海尔获中国标准化研究院能效标识管理中心公布的首批"优秀节能家电企业"称号
2010 年	"十一五"期间，海尔全面落实"节能、降耗、减污、增效"的方针，持续开展清洁生产、推行绿色经营	海尔获得世界贸易中心协会（WTCA）颁发的"全球可持续发展杰出成就奖"
2011 年	海尔创造性地提出"绿色设计、绿色制造、绿色经营、绿色回收"的 4G 战略	海尔荣获"入世十年影响世界的消费电子绿色标杆品牌"称号
2012 年	海尔实施光伏发电项目，在青岛工业园完成第一阶段 1MW 太阳能发电试点工作	海尔披露环境信息的行为在"第十一届中国公司治理论坛"上得到一致好评，并荣获"2012 年度信息披露奖"
2013 年	海尔工业园爆破一根高度为 80m 的烟囱，每年减排 CO_2、烟尘、NO_x 分别为 56.7t、27.5t、117.4t	海尔连续两年被评为青岛市崂山区企业环境信息公开工作先进单位
2014 年	光伏发电项目安装容量达 22.4MW，累计发电量 1353MW·h，节煤 541.33t，减排 CO_2 达 1349t	海尔的 6 款产品获得艾普兰奖，包括艾普兰大奖、低碳环保奖、科技创新奖、最受大众欢迎产品奖等

做的企业创新，以及在环境管理方面取得的阶段性成果，如表 5-1 所示。

评估与小结

　　海尔在绿色战略体系的指导下，全面提升了产品完整生命周期内各阶段的绿色特性。逐步从实物层（以产品绿色材料、生产为核心），到结构层（企业产品绿色的流通、使用和回收），以及到系统层（海尔集团绿色的创新性、系统性以及社会文化方面影响力），最终完善整个海尔绿色战略体系。海尔无疑是一个生动的环境可持续践行者，其绿色战略体系不仅有利于企业产品推广，也有利于绿色节能概念的全民普及。"绿色设计、绿色制造、绿色回收、绿色营销"的绿色战略体系不仅是节能环保的时代需要，也是未来家电行业的一个很重要的产业升级方向，是家电行业必须要走的路。当然，由于家电行业的特性，海尔的绿色战略体系在材料、回收等方面的表现，以及技术创新、服务设计、商业模式设计等领域还有进一步提升的空间（图 5-13）。

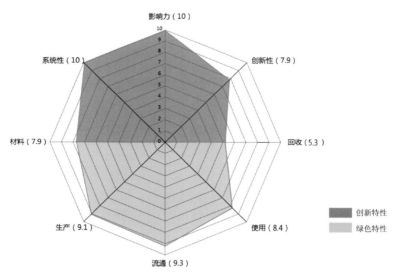

图 5-13　海尔绿色设计评价雷达图

（杨文庆　姜晨菡）

5.4 银香伟业：超越有机循环的有机共生经济系统

农业具有牵一发而动全身的整体性，生物界具有动物、植物、藻类、菌菇、微生物等五界①共生的复杂性，国家可持续发展具有扎实根基不可或缺的基础性，这些特点促使企业在选择进入有机农业领域、政府主管部门在核准开发以及当地农民在进身有机农业的同时，需要具备系统性的设计思维。

从 2004 年的阜阳劣质奶粉事件到 2008 年的三鹿三聚氰胺（美耐皿、密胺）事件，这些由奶粉添加物对儿童造成的健康问题，促使人们对牛奶品质提高注意。鲜奶中掺混添加剂的问题有很多因素，无论是从散户收奶到集中饲养，除监管外，饲养环节也成为焦点。奶牛若像以往继续使用抗生素抗御疾病以及使用激素加快生长，所产出的牛奶中会含有这些物质的残余物。长期饮用，将会造成体质的过敏并削弱自身的免疫能力。要保证牛奶的品质，必须从源头开始，从奶牛的饲料、饮水和生活的土壤监测上着手。安全健康的奶品生产的基础需要建立在一个设施完善、管理标准化的农场。

---

① Wittaker 1969年的生物五界分法，其他还有 Cavalier-Smith 的八界分法。

建立于土壤监测的免疫系统

要建立设施完善、管理标准化的农场，奶牛生活的土壤、奶牛赖以生存的饲料、饲料种植地以及饮水是关键。银香伟业所在的山东曹县，原是黄河故道，地势平坦，土壤肥沃，植物及动物多样性丰富。而且由于当地工业发展相对落后，土地污染不严重，发展有机农业的基础良好。即使如此，要确保土壤的健康和安全，依旧需要从土壤监测着手。这样做，除了择优选择合作的农户，还需制定防止交叉污染的措施。另外，需根据土壤监测的结果，制定出例如深耕和有机免疫肥开发的策略。

在不使用兽药抗生素和激素的条件下，可以通过土壤免疫、土壤修复工程的应用、有机微生物免疫肥的开发、植物病虫害监测与防治、动物防疫等系统的建立，来加强动物的免疫力。下一步，还希望能通过所产的牛奶让消费者提高自身的免疫力。

全程监控的有机循环

在生态系统中，没有开始，也没有结束。每一个食物链的输入，都是另一个食物链的终结。不论从哪个点切入，一路跟随输入或产出的路径，都会回到原点，也就是所谓的"从摇篮到摇篮"，或者"串联一体化"。简单地说，"有机"是符合食品安全、达到整个生产过程的无毒无害的要求。这就涉及食品安全标准的设定以及执行是否到位。

如果我们能够从源头控制奶牛整个生命周期都是符合有机的，奶牛的产出也就必然合乎有机。这首先需要确立奶牛的饲料来源、生活环境、排泄处理利用都是有机的。这正是银香伟业的有机循环模式（图5-14）。

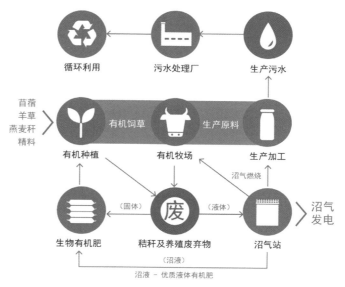

图 5-14　银香伟业的有机循环模式

循环利用　污水处理厂　生产污水

苜蓿
羊草
燕麦秆
精料

有机饲草　生产原料

有机种植　有机牧场　生产加工

沼气燃烧

（固体）　废　（液体）

沼气
发电

生物有机肥　秸秆及养殖废弃物　沼气站

（沼液）

沼液 - 优质液体有机肥

　　除了采用深耕和有机肥的种植，确保土壤符合有机，还要采用轮作、间作、混作和套种的方式保持作物的多样性，以及运用生态系统的防虫除草来维持种植农田的生态平衡。 为了控制饲料的品质，公司除了统一提供有机肥，还提供专用的针对不同牛群的配方饲料，这些饲料包括农场生产的全株玉米青贮、豆粕和来源确定的燕麦秆、苜蓿、羊草且绝对不含骨粉、鱼粉等动物性蛋白质。

有机经验辐射与农户共生关系

　　有机农业之所以能达到有机的标准，品质之所以能得到保证，安全之所以能有所保障，不在于标准的难度，也不在于监管的力度，而在于整个生产链、供应链，所有相关方的齐心协力。其中，农户全心全意全程的投入尤其重要。在农民自愿的情况下，银香伟业积极推广有机共生合作经济模式并逐渐开始广泛有机农业的合作。

　　推广环节分为示范区和实践区两种方式。所谓示范区，就是选取条件好的有机净土实践有机农业，用最先进的技术、最好的有机肥、最有实力的专家，打造最优良的种植养殖案例，解决农民实际种植养殖中出现的问题，为农民的实践生产活动提供经验和表率。实践区是指在农民自愿的原则下，与农民共同合作，提供技术、有机原料、售后服务，辅助农户进行有机农业活动，共同分享有机成果，共同承担实践过程中的风险。曹县的9个乡镇，近4万名农户签订了种植合同。公司通过入股、出租等形式，与农户签订长期合作协议，按照企业标准返聘农民从事种养、物流、生产加工、配送等生产活动；营造现代农业发展的综合服务平台，为农民提供技术以及管理、教育和培训等服务。

银香伟业最突出的创新是与农户形成了共生经济的雏形：公司负担全额的前期投入、预付土地收益、承诺基本收益和保底价格、保证饲料供给和价格，实现农户养殖的零风险；采取不同形式的利益分配机制；由公司牵头，按照合作社的组织章程，在曹县成立了多个协会和养殖专业合作社。农户自愿申请加入，按规定出资、参加业务活动、按照标准组织生产、承担亏损，同时享受章程规定的各项权利。

不止养殖、种植需要以生态共生的形式保持，不能强调单一品种，还需要尽量发掘当地原有的共生植物、藻类、菌菇等资源，形成一个新的产品系列，不但考虑个别的赢利点还需要以整个集团共同的利益为目的[23]。只有形成共赢共利的共生经济，才使企业不受到劳资对立等因素的影响，在新的产品链、生产链、供应链上提供更多的就业以及创业的机会。

生态－有机－免疫的产品和营销

在有机生产循环链的驱动下，有机养殖、种植所生产的，传统的产品包括归一品牌的奶制品，古道有机农场的有机奶和石磨小麦粉、有机犊牛肉和有机鸡蛋、旭兴的有机肥。此外，还有从有机牛犊产物中提炼的生物活性肽生产的施迪塞尔化妆品系列，以及以有机中草药作为原料，从土壤中培育、提高动物自身免疫力的太行生物有机兽药系列、有机胎牛及新生牛血清（图5-15）。

图5-15　生态 – 有机 – 免疫的产品
系统循环利用图

营销方面，公司目前采用一步到位式终端销售模式，按订单生产、直接配送到家。由于农场的一体化管理体制，其销售形式也易于扩展为集旅游、度假、培训、体验为一体的体验式营销中心。农户既是股东又是第一消费者，同时也承担了传播"品质 – 安全 – 免疫健康"消费文化的义务。

有机共生经济系统：平台建设

为了积极推进中国有机产业的发展，同时也为了深入探索其在有机共生经济模式上的实践，更为了未来中国拥有更好的土地、更健康的食物、更良好的生态，银香伟业正在筹建"曹县有机共生体实践园区"。作为中国第一个真正意义上的有机平台，通过各种形式的交流合作，在更广泛的意义上发展有机事业，推进土地与人的有机关系的重建。它具体包括如下内容：

中国现代农业种植模式示范区　　　　银香伟业道德经济管理学院
中国现代农业养殖模式示范区　　　　中国有机产品交易平台
中国现代农业种养结合模式示范区　　有机产业链"8+1"模式
世界名牛文化博览园　　　　　　　　曹县四季河人工湿地公园
农企商贸合作机制　　　　　　　　　打造新型生态村
银香伟业教育体验中心　　　　　　　中国有机农业研究院

形成有机共生经济模式

要实现可持续的幸福，不只是建立土地与人的有机关系，同时也要建立人与人、人与社会之间的有机关系。通过20年实践摸索，银香伟业在有机土地改造、有机养殖、有机种植等领域逐渐形成了银香伟业特有的有机共生经济模式。这个模式建立起一系列的平台，在这些平台之上，与农户、与养殖户、与土地、与环境有机合作，共同创造有利于人们身体健康所需的有机食物，有利于土地生长的有机肥料，有利于合作者更好生活的生产方式，有利于环境和社区建设的责任方式。

随着银香伟业改良土地的实践、有机农业的实践、有机畜牧的实践、有机生产的实践、有机科技应用的实践等，在更宏观的产业链中形成了有机共生经济模式。这种模式从实践中来，又在实践中逐步完善，形成了自己行之有效的深化和执行战略的经营管理方法（图5-16）。

图5-16　银香伟业有机共生经济模式

行业标准

山东银香伟业集团是中国首批本土克隆牛诞生地、农业产业化国家重点龙头企业、国家重要技术标准研究示范企业与示范基地、国家有机食品生产基地、中国国际名牌基地、国家质量卫生安全全面达标食品企业。

2005年，集团成为国内首家获得有机牛奶等六项有机产品认证的企业；

2007年，通过中国良好农业规范GAP一级认证；

2008年，独创的"从土地到餐桌全程有机循环产业链"获得国家的科技成果鉴定；

2011 年 3 月，成功通过国家学生奶奶源示范基地验收；

2011 年 12 月，成功荣获山东省省长质量奖；

2013 年，被国家工商总局认定为重合同守信用企业；

2013 年，成功入围首届中国质量奖。

社会责任　银香伟业作为国家农业产业化龙头企业，肩负着巨大的社会责任。有机共生经济模式为中国现代化新农村建设，探索和实践出一种可以复制的可操作性模式以造福天地、造福农民、造福国家，带动"三农经济"的可持续循环发展并改善农民生活，共同进行有机改良曹县 200 万亩土地。银香伟业给社会提供就业机会 5000 多个，并使五里墩村 1000 多名劳动力全部转化为产业工人，人均年收入 12000 元以上。与 12380 个农户建立了种养殖合作关系，带来直接经济收入 6000 万元。带动 18000 农户养牛和种草，使农村近 4 万名劳动力得到安置，为大幅度增加农民收入、带动解决三农问题、促进地方经济腾飞做出了积极贡献。

评估与小结

银香伟业集团因系统性考虑农产品相关材料与能源利用，形成有机共生经济系统，因此在材料、生产以及流通方面表现尤为突出（图 5-17）。采用当地的作物作为饲料；以有机循环的形式，利用牛粪和牛尿生产有机肥和沼气，供应生产和行政的热源需求；进口的挤奶设备及以有安全和保鲜保证的品质运销周围的城镇；与研究单位保持合作，继续研发新产品等形成本案的优势。此外，最主要的是在运用加强自身免疫系统来免除抗生素的使用以及农户间的共生关系的形成，是个案在创新概念上最大的贡献。

不过，银香伟业的这个系统，还处在试验和逐步实施阶段，概念的先进性要真正落地成为现实，还需要更加扎实的工作。在系统没有完全建立起来以前，很多子系统的末端处理问题尚未彻底解决。整个系统的用户体验质量、技术应用的成熟度以及商业模式的有效性也有待进一步提高。

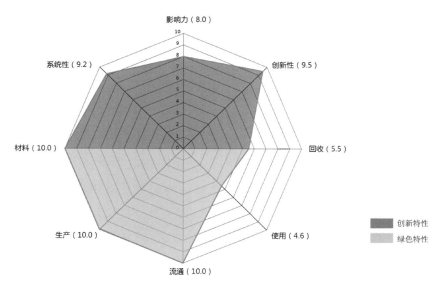

图 5-17　银香伟业有机共生体系绿色设计评价雷达图

（程一恒　宋东瑾）

参考文献

［1］ Carson R. Silent spring［M］. New York: Houghton Mifflin Harcourt, 2002.

［2］ Meadows D H, Meadows D L, Randers J, et al. The limits to growth: a report for the Club of Rome's project on the predicament of mankind［M］. 2d ed. New York: Universe Books, 1974.

［3］ Brundtland G H. World commission on environment and development［J］. Environmental Policy and Law, 1985, 14（1）: 26–30.

［4］ Baldwin J. Bucky works: Buckminster Fuller's ideas for today［M］. New York: John Wiley & Sons, 1997.

［5］ Papanek V. Design for the real world: human ecology and social change［M］. New York: Pantheon Books, 1971.

［6］ Papanek V. The green imperative: natural design for the real world［M］. London: Thames and Hudson, 1995.

［7］ Fry T. A new design philosophy: an introduction to defuturing［M］. Sydney: UNSW Press, 1999.

［8］ Charter M, Tischner U. Sustainable solutions: developing products and services for the future［G］. Sheffield: Greenleaf publishing, 2001.

［9］ Mcdonough W, Braungart M. Cradle to cradle: remaking the way we make things［M］. New York: North Point Press, 2010.

［10］Vallero D A, Brasier C. Sustainable design: the science of sustainability and green engineering［M］. New York: John Wiley & Sons, 2008.

［11］Vezzoli C A, Manzin E. Design for environmental sustainability［M］. 2008 ed. London: Springer, 2008.（意大利文版出版于 2002 年）.

［12］Walker S, Giard J. The handbook of design for sustainability［C］. London: Bloomsbury, 2013.

［13］Pauli G A. The blue economy: 10 years, 100 innovations, 100 million jobs［M］. New Mexico: Paradigm Publications, 2010.

［14］Hawken P, Lovins A B, Lovins L H. Natural capitalism: the next industrial revolution［M］. London: Routledge, 2010.

［15］Mackenzie D, Moss L, Engelhardt J, et al. Green design: design for the environment［M］. London: Laurence king, 1991.

［16］中国工程院 . 关于大力发展创新设计的建议［R］. 北京：中国工程院，2015.

［17］Mcdonough W，Braungart M .The next industrial revolution［J］. The Atlantic Monthly，1998，282（4）：89–92.

［18］US Environmental Protection Agency. Defining Life Cycle Assessment（LCA）［EB/OL］.［2010–10–17］. http://www.gdrc.org/uem/lca/lca–define.html.

［19］产品生命周期［EB/OL］. http://www.canon.com.cn/corp/csr/environment/product_life_cycle/.

［20］United Nations Environment Programme Divison of Technology，Industry and Economics. The role of product service systems in a sustainable society［R/OL］. Paris :UNEP. http://www.unep.org/resourceefficiency/Portals/24147/scp/design/pdf/pss–brochure–final.pdf

［21］Ellen MacArthur Foundation. Towards the circular economy: economic and business rationale for an accelerated transition［R/OL］. Cowes: Ellen MacArthur Foundation，2012. http://www.ellenmacarthurfoundation.org/assets/downloads/TCE_Ellen–MacArthur–Foundation_9–Dec–2015.pdf

［22］Von Weizsacker E U，Hargroves C，Smith M H，et al. Factor five: transforming the global economy through 80% improvements in resource productivity［M］. London: Routledge，2009.

［23］冈特·鲍利 . 蓝色经济［M］. 程一恒，译 . 上海：复旦大学出版社，2012.

［24］路甬祥 . 设计的进化与面向未来的中国创新设计［J］. 全球化，2014，（6）：5–13.

［25］Norman D A，Verganiti R. Incremental and radical innovation: design research vs. technology and meaning change［J］. Design Issues，2014，30（1）:78–96.

［26］Thierry M，Salomon M，Van Nunen J，et al. Strategic issues in product recovery management［J］. California Management Review，1995，37（2）：114–135.

［27］Harari Y N. Sapiens: a brief history of humankind［M］. New York: Random House，2014.

［28］Bucolo S，Matthews J H. A conceptual model to link deep customer insights to both growth opportunities and organisational strategy in SME's as part of a design led transformation journey［J］. Design management toward a new Era of innovation，2011.

［29］Fry T. Green desires: ecology，design，products［M］. Sydney: EcoDesign Foundation，1992.

［30］Lucas D. Green design［M］. Salenstein: Braun Publishing，2011.

［31］Thackara J. Design for a new restorative economy［C］//Salmi E，Maciak J，Lou Y，et al. Cumulus working papers Shanghai. Helsinki: Aalto University School of Art and Design Press，2011.

［32］国家林业局.全国森林资源统计（第七次全国森林资源清查）［R］.北京：中国林业出版社，2010.

［33］冈特·鲍利.冈特生态童书［M］.李康明，译.上海：学林出版社，2014.

［34］Paul G.Stone Paper.the new paradigm for the paper industry［J］.Mining SCI，2014（9）:28-29.

［35］湖州南太湖产业集聚区长兴分区管理委员会.南太湖新型环保材料产业园项目建议书［R］.2014.

［36］陈雅男.竹材在当代设计的运用［J］.现代装饰（家居），2011（1）:156-157.

［37］芦轶男.自然材料在现代设计中的运用［D］.北京：中国美术学院，2013.

［38］黄媛媛.竹基复合材料的制备、表征及性能研究［D］.武汉：华中农业大学，2010.

［39］刘晓玲，邱仁辉，杨文斌，等.竹粉粒径对竹／聚丙烯复合材料力学性能的影响［J］.东北林业大学学报，2009，37（12）:72-74.

［40］本刊编辑部.尚拓光导照明系统［J］.中国建设信息，2010（9）:39.

［41］华磊.太阳能热水器智能控制装置［D］.南宁：广西大学，2012.

［42］张虎.太阳能热利用技术在我国建筑节能中的应用探讨［J］.住宅科技，2004（10）:32-35.

［43］郭晓洁.太阳能热水系统与建筑一体化应用技术研究［D］.上海：同济大学，2006.

［44］杨云广.皇明太阳能集团市场竞争战略研究［D］.济南：山东大学，2010.

［45］张炜.夏热冬暖地区绿色示范建筑的实践运营分析——以深圳建科大楼为例［J］.建筑技艺，2013（2）:86-93.

［46］叶青.绿色建筑共享——深圳建科大楼核心设计理念［J］.建设科技，2009（8）:66-70.

［47］王祥.有关婴儿推车的绿色设计思考［J］.艺术品鉴，2016，02:87-88.

［48］威廉·麦克唐纳，迈克尔·布朗嘉特.从摇篮到摇篮：循环经济设计之探索［M］.上海：同济大学出版社，2005.

［49］陆学，陈兴鹏.循环经济理论研究综述［J］.中国人口·资源与环境，2014，S2:204-208.

［50］潘沩.爱回收：掘金二手电子产品市场［J］.中国中小企业，2015（2）:28-30.

［51］韩璐."爱回收"上门［J］.21世纪商业评论，2014（17）:60-61.

［52］Immelt JR，Govindarajan V，Trimble C. How GE is disrupting itself［J］. Harward Business Review，2009（10）.

［53］李大元.低碳经济背景下我国新能源汽车产业发展的对策研究［J］.经济纵横，2011，02:72-75.

［54］杨萍，易克传.后危机时代我国发展新能源汽车的SWOT分析［J］.经济问题探索，2011，03:18-23.

［55］向东，段广洪，杨继平，等.废旧电子电器产品再生产业发展策略与政策建议［A］//周宏春.变废为宝：中国资源再生产业与政策研究［M］.北京：科学出版社，2008:90-147.

［56］本刊编辑部. 海尔集团积极推行绿色战略［J］. 中国资源综合利用，2007，02:29.

［57］余福茂. 情境因素对城市居民废旧家电回收行为的影响［J］. 生态经济，2012，02:137-141，177.

［58］许庆瑞，吴志岩，陈力田. 转型经济中企业自主创新能力演化路径及驱动因素分析——海尔集团1984—2013年的纵向案例研究［J］. 管理世界，2013，04:121-134，188.